讲给孩子的
仿生科技

飞行动物与仿生

（美）泰莎·米勒/著

郭平/译

河南科学技术出版社

·郑州·

Wings & Beaks
Animal Tech

备案号：豫著许可备字-2021-A-0107

图书在版编目（CIP）数据

讲给孩子的仿生科技/（美）泰莎·米勒著；郭平译.—郑州：河南科学技术出版社，2021.9
ISBN 978-7-5725-0558-4

Ⅰ.①讲… Ⅱ.①泰…②郭… Ⅲ.①仿生－青少年读物 Ⅳ.①Q811-49

中国版本图书馆CIP数据核字（2021）第176242号

出版发行：河南科学技术出版社
地址：郑州市郑东新区祥盛街27号　　邮编：450016
电话：（0371）65788630
网址：www.hnstp.cn
策划编辑：李振方
责任编辑：李振方
责任校对：黄亚萍
封面设计：李　娟
责任印制：张艳芳
印　　刷：河南博雅彩印有限公司
经　　销：全国新华书店
开　　本：787 mm × 1092 mm　1/16　印张：12　字数：150千字
版　　次：2021年9月第1版　2021年9月第1次印刷
定　　价：98.00元（共4册）

如发现印、装质量问题，影响阅读，请与出版社联系并调换。

目 录

对蜜蜂的研究帮助人们改进了许多发明，如广角相机和新型橡胶。

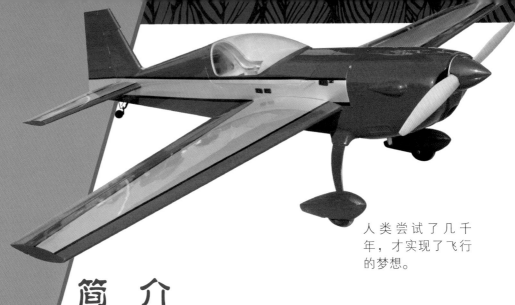

人类尝试了几千
年，才实现了飞行
的梦想。

简 介

自古以来，人类就一直梦想着能够像鸟儿一样飞翔。几千年前的艺术家们雕刻了许多带有翅膀的人物形象艺术品，这些艺术品的存在，表明人类追求飞翔之梦时日已久。在这些翅膀的启示下，科学家发明了飞机，让人类的飞翔之梦得以实现。如今，全球每天约有800万人乘坐飞机。

科学家和工程师需要解决的问题有很多。他们有时会从动物和大自然中寻找答案，这就是我们所说的"仿生"，"仿"的意思是模仿他物，"生"的意思是生命。

飞机是仿生科技中最著名的例子之一，仿生也促进了很多其他技术的发展。仿生将那些令人兴奋的新奇事物变成现实，飞机、火车和声呐[1]都是利用仿生科技进行的发明。想了解更多有趣的例子吗？那就继续阅读吧！了解一下大自然是如何改变我们的世界的。

①**声呐**：指采用声波进行测量和导航的设备。

鸟类

飞机

海鸥展翅翱翔，盘旋，俯冲，猎捕，大快朵颐。

莱特兄弟制造的飞机可以根据飞行员的操作在天空盘旋，就像鸟儿一样灵活。

1903年12月17日，莱特兄弟（奥维尔和威尔伯）书写了新的历史——世界上第一架飞机飞行成功。他们的第一次飞行只持续了12秒，飞行距离为36.5米。在今天，这个数字听起来可能不值一提，但在那时，这可是史无前例①的技术突破。在此之前，其他的飞行器皆是随风而动，只能顺着风的方向飞行，而莱特兄弟设计了一种不借助风或踏板②就可以飞行的飞机。他们还给飞机安装了能够操控方向的装置。

莱特兄弟在正式飞行前做了多年的研究。他们观察了很多不同种类的鸟，并模仿鸟类的翅膀制造了滑翔机③，这是一种没有发动机的飞行器，主要利用风力在空中翱翔④。莱特兄弟共制造了100多架滑翔机，每架滑翔机都有不同形状的机翼。莱特兄弟在实验了很多次之后，终于找到了一种能让滑翔机飞起来的机翼。

---

①**史无前例**：历史上从未发生过的事情。
②**踏板**：此处指原始飞行器上的踩踏装置，可以为飞机提供动力。
③**滑翔机**：指不依靠动力装置而飞行的飞行器。
④**翱翔**：指鸟类等盘旋飞翔。

仿生科技探索

几千年来，人们一直深受鸟类飞行的启发。在我国古代，人们将风筝做成鸟儿或蝙蝠的形状，让其在天空中翱翔。1783年，法国孟戈菲兄弟发明了热气球。1799年，乔治·凯利设计并驾驶了第一架滑翔机，机翼的形状似鸟的翅膀，却不会像鸟的翅膀一样扇动。凯利的滑翔机是世界上第一个载人飞行器。1849年，他的滑翔机首次搭载了一名10岁的男孩进行飞行。

乔治·凯利

乔治·凯利设计了一架足够大的滑翔机，使其可以在空中承载一个人的重量。

猫头鹰的羽翼比较独特，可改变气流，吸声降噪。人们现在一直在尝试制造具有类似功能的飞机。

由莱特兄弟于1903年设计的世界上第一架飞机对现代飞机的设计产生了重大影响。波音公司生产过一架名为"梦幻飞机"的飞机，其机翼由一种特殊的塑料制成。这种塑料会随着气流的方向而弯曲和变形。它的原理就像鸟的翅膀一样，当气流

突然发生变化，如飞机突然遭遇强气流时，这种塑料将会使飞机减少颠簸①。今天，我们的交通业和工业都非常依赖飞机，每天约有5000架飞机在空中飞行，其实，正是仿生科技使飞机飞得更快、更安静、更安全。

---

①**颠簸**：指运动物体的上下抖动。

仿生特点对比

从早期的滑翔机到今天的大型喷气式飞机，鸟类对人类飞行技术的发展起了至关重要的作用。

羽毛

鸟类的羽毛能帮助它们飞翔，还能帮助它们改变飞行方向。

鸟喙

尖尖的鸟喙可切分前方的气流，从而加快飞行速度。

骨骼

鸟类的骨头是中空的，可减轻自身的重量。

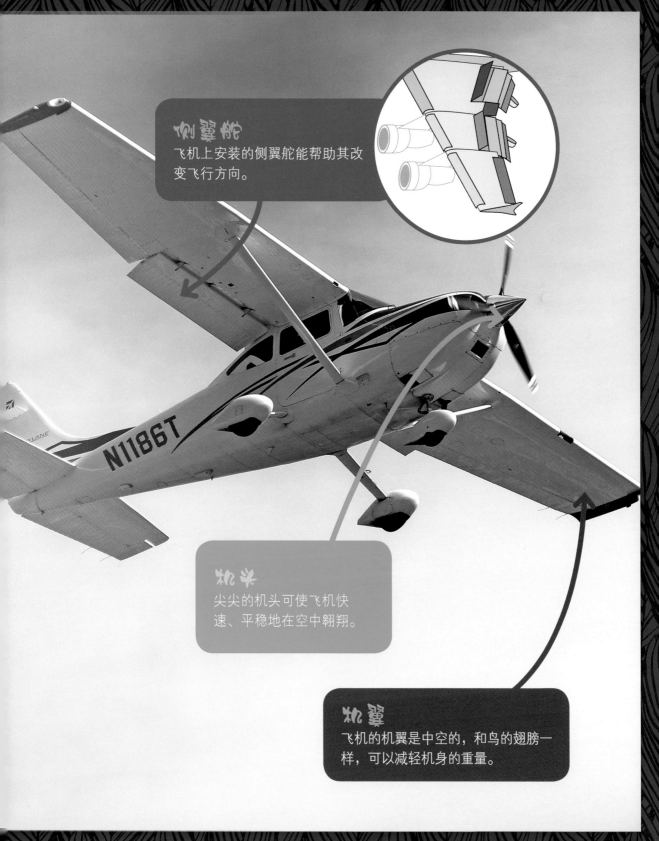

侧翼舵

飞机上安装的侧翼舵能帮助其改变飞行方向。

机头

尖尖的机头可使飞机快速、平稳地在空中翱翔。

机翼

飞机的机翼是中空的，和鸟的翅膀一样，可以减轻机身的重量。

N1186T

啄木鸟

减震器

啄木鸟可以承受比普通车祸猛烈十倍的冲击力。

自20世纪80年代以来，科学家们就一直利用假人进行碰撞测试。他们采用这种安全的方式来测试汽车的减震器等部件。

你在崎岖不平的道路上坐过车吗？为何你感受不到那种强烈的颠簸？这是因为汽车有减震器。减震器是指那些安装在汽车轮子上的弹簧，这些弹簧就像垫子一样可以吸震①，从而使汽车在行驶过程中更加平稳。如果汽车没有减震器，司机在汽车上下颠簸时将会很难控制它，从而很有可能导致车祸的发生。

在自然界中，拥有最好"减震器"的动物当属啄木鸟。啄木鸟用喙②在树上啄洞以寻找猎物。啄木鸟也会啄其他东西，比如树木或建筑物，这也是它们彼此之间交流的方式。科学家们想知道啄木鸟是如何做到这一点的——它们的头撞在坚硬的物体上，却没有伤害到大脑，这将有助于人们设计出更好的减震器。

---

①**吸震**：吸收或承受震动。
②**喙**：指鸟类等的尖尖的嘴。

啄木鸟啄木寻食，食物以昆虫居多。

仿生科技探索

　　啄木鸟一天可以用喙猛击树干上万次，但它们不会因此而受伤。这是因为它们的头骨很软。当发生撞击时，啄木鸟的颅骨①能够起到缓冲作用并保护头骨内部的大脑。

通常情况下，啄木鸟不会将整棵树啄死，但会对树木有一定的损害。

①**颅骨**：泛指构成头颅的骨头。

科学家们一直在研究啄木鸟的头骨，以制造更安全的头盔。他们设计了一种新型的硬纸板，并将其放进头盔里。一般的头盔里只有一层又厚又硬的泡沫板，当受到撞击时，泡沫层就会被压碎。新发明的硬纸板内有特殊的气囊，它们能吸收撞击的力量，而不会像泡沫板那样被压碎，因此，这种新型的头盔比一般的头盔更安全。现在，人们想把这种硬纸板运用在各种头盔上，比如橄榄球运动头盔和赛车运动头盔。

啄木鸟的头部和喙之间的连接与其他鸟类不同。一块起到减震器作用的海绵骨头将啄木鸟的头部和喙隔离开来。

研究啄木鸟的科学家们还设计了一种新型金属。这种金属很像啄木鸟的头骨，每一层之间都有空隙，里面是玻璃弹珠，它们能吸收外部的能量。人们还在想方设法将这种金属材料运用到防弹衣上。当士兵中枪时，这种防弹衣也许能挽救他们的生命。

你知道吗？
啄木鸟每秒能啄树木
18~20次。

橄榄球运动头盔能够降低运动员大脑受伤的风险，减轻受伤的程度。

仿生特点对比

啄木鸟独特的身体启发我们研发更优质的减震材料。

头骨

啄木鸟头骨上的那些软骨起到了保护大脑的作用。

舌骨

环绕啄木鸟整个头骨的舌骨结构起着安全带的作用，可以让大脑固定在一定的位置。

气孔

啄木鸟头骨上的气孔有助于抵消啄树时产生的冲击力。

缓冲器
受啄木鸟头骨的启发而研制的新型材料被应用到头盔和防弹衣的缓冲器中。

气囊
头盔内里有一个海绵状的气囊，有助于减缓冲击力。

安全带
科学家们专门为赛车、飞机和军用车辆设计了特殊的安全带。

翠鸟

高速列车

翠鸟一天中80％的时间都在狩猎，它非常擅长潜入水中捕食鱼类和其他小型动物。

高速列车将许多主要城市连接了起来。

　　翠鸟是科学家一直在研究的一种鸟。翠鸟的头部和喙的形状非常独特。你能想象扎入水中而不溅起水花的场面吗？翠鸟就能做到这一点！翠鸟的喙呈楔形①，这可让它在冲入水中时不产生水花。而且它潜入水中几乎是无声的，这样它就能偷偷靠近小鱼，并将其捕获。

　　现在，请想象一下一辆速度达350千米/时的火车，运行时却没有声音，这简直就是难以置信的，对吧？但事实就是这样。工程师设计出了这样的高速列车。这些火车行驶过程中非常平稳，当它们快速驶过时，周围的空气几乎不流动。为了达到这个目的，工程师们研究了翠鸟。高速列车的车头和翠鸟的喙形似，可以无声无息地行驶。火车头的形状有助于它在空气中悄无声息②地滑过，就像翠鸟俯冲时不会溅起水花一样。

①**楔形**：一端较厚，另一端薄而尖的形状。
②**悄无声息**：指没有声音或声音非常微弱。

普通的火车速度可达130千米/时。为了让火车跑得更快，工程师们将火车的车头形状由长方形改成楔形。

仿生科技探索

　　普通火车的车头是圆形或长方形的，这类火车难以穿透空气，只能把前行路上的气流推开。因此，当工程师们在设计高速列车时，他们意识到普通的车头难以加快高速列车的速度，而且当高速列车离开隧道时，会产生很大的噪声，这是空气受到挤压造成的。隧道外的气压很低，但隧道内的气压很高，空气压力差使得火车在通过隧道时很难保持正常速度。

工程师对多种不同的车头形状进行了测试，但他们不可能建造大量真实的火车进行测试，他们首先测试了较小的物件，例如，制造了特殊的子弹，将子弹从一根管子里射出去，射出去的子弹进入水中，然后记录子弹打出的水花。由计算机对所有可能的形状进行了多次模拟，工程师发现最佳的形状是翠鸟喙的那种楔形。工程师随后采用同样的形状制造了高速列车的车头。实践表明，这个方案非常棒。

翠鸟潜水的速度可达40千米/时。

你知道吗？
中国复兴号列车已于2017年投入运营，运行时速可达350千米/时。

高速列车运行所需要的资金、油耗和电力更少，这意味着高速列车更为环保。

仿生特点对比

翠鸟的移动速度很快，得益于仿生科技，高速列车的速度更快。

头部
翠鸟头部呈楔形，这能使它冲入水中时不会溅起水花。

运动
翠鸟的体型能使它轻而易举地从低压的空气中潜入高压的水下。

角度
翠鸟潜水时的角度也能防止溅出水花。

气压
高速列车在隧道中能快速地从低压区域驶向高压区域。

形状
高速列车的外观模仿了翠鸟的身形。

车头
高速列车的车头模仿了翠鸟的喙。

蝙蝠

耳朵

蝙蝠在飞行时发出的声音频率非常高，人类的耳朵听不到它们的声音。

声呐是指利用声音导航和测距的设备。声音测距是指在一个区域内移动测距，就像蝙蝠猎食时所做的那样。

世界上的飞行动物并非只有鸟类。蝙蝠是一种会飞的哺乳动物，它们能够使用回声定位①，这可以让它们在黑暗中飞行和捕猎。回声定位的原理是利用声波测定距离。蝙蝠首先发出超声波②，声波遇到障碍物后会反射回来，然后蝙蝠测量这些声波反射回来的时间，从而判断与物体的距离。这样，蝙蝠就能知道某物有多远。回声定位能让蝙蝠快速飞行，也能帮它们在黑暗中寻找食物。

声呐利用了回声定位的原理，这和蝙蝠的回声定位原理是一样的。基于水下的不可见性，声呐主要是在水下应用。国外从20世纪初就开始使用声呐，他们使用该技术安全地通过危险的地方，包括水下雷区。他们也利用声呐来追踪敌舰的鱼雷③。在今天，潜水艇使用声呐可以寻找坠入海洋的轮船和飞机。声呐至关重要，科学家们一直在寻找改进它的方法。

①**回声定位**：一种空间定位方法，指动物或设备发射声波，利用折回的声音来定向，这种空间定向的方法，称为回声定位。
②**超声波**：指超过人耳所能听到的最高频率的声波，即大于20000赫兹。
③**鱼雷**：能在水下航行并攻击一定目标的水中武器。

仿生科技探索

　　蝙蝠并不是唯一能使用回声定位的动物。海豚、金丝燕和鲸类等动物也能够使用回声定位，这些动物能够非常迅速地处理自己的声音，从而让它们能够分辨出其他物体，海豚能找到藏在沙子里的鱼，蝙蝠能从一群昆虫中挑出一只来猎食。

利用回声定位，蝙蝠可以分辨其他动物或物体的大小、速度、方向和距离。

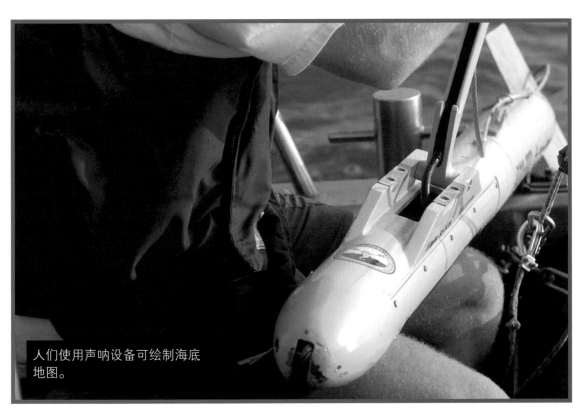

人们使用声呐设备可绘制海底
地图。

现代的声呐技术已日臻成熟[1]，高级计算机可以分辨出与原声间隔百万分之十二秒的回声。但蝙蝠更胜一筹，它们可以分辨出与原声相隔百万分之二秒的回声。军事工程师们正在研究设计更好的声呐系统，人类也日益需要能与蝙蝠的回声定位相媲美[2]的声呐。如果这个技术得以实现，声呐系统就可以定位相隔只有一根头发丝距离的物体了。

你知道吗？

人们发明声呐设备是为了探测冰山。

第一次世界大战期间（1914—1918），声呐被用来定位敌方潜艇。

---

①**日臻成熟**：越来越成熟。臻，zhēn，达到。

②**媲美**：指好的程度差不多，美好的事物可以相比。

仿生特点对比

蝙蝠擅长在飞行时利用声波来寻找和识别他物，这也启发着人们改进发明，以更好地改进声呐技术。

猎食
回声定位能帮助蝙蝠寻找食物。

飞行轨迹
蝙蝠使用回声定位确定自己的飞行方向。

鼻子
大多数蝙蝠用喉部声盒发出声音，进行回声定位，也有些蝙蝠用的是鼻子。

搜寻
潜艇使用声呐寻找沉船和水雷。

发射装置
声呐系统的声音从潜艇前端或机头发出。

绘制地图
声呐设备可用来帮助人们绘制海底地图。

科学家利用先进的声呐设备绘制了一张美国南北战争期间（1861—1865）沉没战舰的三维地图。

蜻蜓

无人机

一些蜻蜓的飞行速度可达到64千米/时。

许多小型无人机都有四个"翅膀"，这实际上模仿的是蜻蜓的四个翅膀。

假设你是一名执行秘密任务的士兵。你需要从敌人那里收集情报，但如果你靠得太近，就会非常不安全。你要怎么偷偷接近他们而不被发现呢？现在想象一下，有一架小到可以放进你口袋的无人机，这架无人机可以飞到敌人的藏身处而不被发现。无人机速度快，体积小，而且悄无声息。它看起来像什么？如果你把它想象成一只蜻蜓，那就太对了。

当前，研究人员一直在研究和制造无人机。无人机能像蜻蜓一样飞翔，蜻蜓是一种很容易被模仿的动物，它有四个翅膀，这些翅膀都能够独立活动，可以让蜻蜓上下移动，并在一个地方盘旋①，还可以非常迅速地前后移动或改变方向。

---

①**盘旋**：指绕着圈地往复移动。

这是一架20世纪70年代的蜻蜓直升机，由一位钟表匠制作而成。直升机内部有一个微型引擎[1]为它的翅膀提供动力。

仿生科技探索

受蜻蜓启发，科学家已经制造出了无人机。20世纪70年代，人们设计了小型飞行器，它们被称为"昆虫间谍[2]"，但是这些昆虫间谍无法在有风的条件下飞行，所以人们不得不放弃了这个项目。

你知道吗？

蜻蜓是动物王国里最好的猎手之一。它们的捕猎成功率高达95%，而狮子捕猎成功率只有20%。

今天，研究人员已经对这些无人机进行了改进。他们更仔细地观察蜻蜓，发现蜻蜓可以悄无声息地飞行，而且可以向任意方向迅速移动，它们的视线几乎可以环顾四周。研究人员通过研究蜻蜓的这些非同寻常的能力，在"昆虫间谍"上又做了许多改进。改进的无人机被称为微型飞行器，有些看起来就和蜻蜓毫无二致。微型飞行器可应用于学校，帮助学生学习飞行知识。这些微型飞行器还可以在灾后的危险区域进行拍照。当然，微型飞行器也是执行军事任务的绝佳工具。

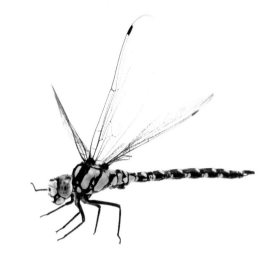

①**引擎**：通常指发动机，为设备提供动力的核心装置。
②**间谍**：指被秘密派遣到一定地方从事窃密等各种非法谍报活动的人员。

无人机的使用越来越广泛，但同时也带来了一些问题。有些人使用无人机进行偷窥，有些人则用其非法猎杀国家级保护动物。

仿生特点对比

研究人员模仿蜻蜓设计了无人机，这个设计正在日趋完善。

眼睛
蜻蜓的大眼睛能让它环顾四周，视野极佳。

悬停
蜻蜓可以迅速向上、下、左、右各个方向飞行。它们也可以长时间在一个位置悬停。

监控

人们经常使用无人机在某些区域实施监控，以抓拍该区域内移动的人和物的视频或照片。

悄无声息

微型无人机像蜻蜓一样悄无声息地飞行。

摄像头

微型无人机内装有摄像头，可以从多个方向拍照。

蜜蜂

快递应用程序

酿造一杯（240毫升）蜂蜜，蜜蜂要飞行大约64000千米去采蜜。

假设你是一名快递员，你需要在一天内送出上百个包裹，你怎么能在准确的时间把它们都送到正确的地方呢？如果你迷路了怎么办？多年来，快递公司一直在努力提高送货效率①。最近，他们决定聘请数学专家来帮助他们。这些专家制作了计算机程序，这些程序能够帮助他们规划有效的路线，但编辑程序②的成本非常昂贵，只有大公司才能负担得起。

值得庆幸的是，一家名为鲁蒂菲奇（Routific）的公司开发了一款手机应用程序③，这款应用程序模拟了蜜蜂如何找到最好的花来酿蜜。研究发现，蜜蜂有一套非常高效的系统，根据蜜蜂采蜜设计的程序可以给快递员绘制出最高效的快递路线，快递公司可以使用这个程序运送食品或鲜花等物品，这可以帮助他们节省大量时间和金钱。

①**效率**：单位时间内完成的工作量。
②**编辑程序**：指使用一定的计算机语言进行程序设计的活动。
③**应用程序**：在电脑上编辑出来的小程序，通常被下载到手机上。

仿生科技探索

　　快递应用程序使用了"蜜蜂算法"，这个算法是用来解决数学问题的一种方法。蜜蜂算法模仿了蜜蜂如何找到最好的花。蜜蜂先派出飞得最快的"飞行员"，这些蜜蜂快速向各个方向飞行找到鲜花，然后它们会沿最近的路回到蜂巢。当这些蜜蜂返回时，它们会告诉其他蜜蜂是否找到了更好的路线。在蜂巢里，它们会跳一种被称为"摇摆舞①"的独特舞蹈，这种舞蹈会告诉其他蜜蜂如何找到最好的花。

在摇摆舞中，蜜蜂会描述花离蜂巢的距离和方向。摇摆舞跳得越久，说明花和蜂巢之间的距离越远。

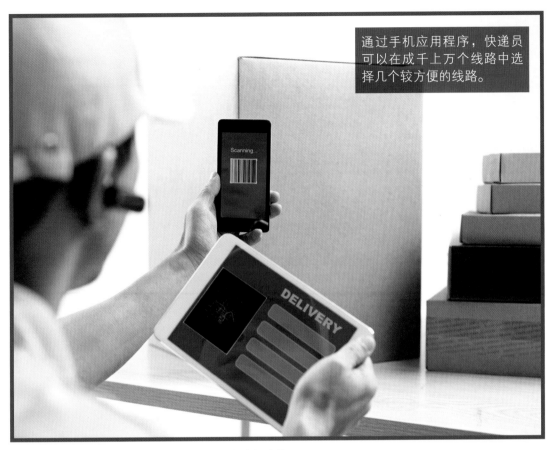

通过手机应用程序，快递员可以在成千上万个线路中选择几个较方便的线路。

利用蜜蜂算法，每辆送货卡车都被看作一只蜜蜂，每一个交货点都被看作一朵花。该应用程序会发出一组数字"卡车"，"卡车"开始寻找路线。然后，该应用程序会分析这些路线是否合理。如果应用程序找到了一条较好的路线，它就会开启自行分析，会模拟派出更多的"卡车"，然后比较不同的路线。一旦应用程序找到最佳的路线，它就会立即告诉使用者。使用这款应用程序找到最佳路线只需要几秒，但是在以前，人们要花一整天的时间来进行选择。

你知道吗？
蜜蜂有很好的嗅觉。人们甚至利用蜜蜂的嗅觉探测炸弹和地雷。

①摇摆舞：蜜蜂之间的一种交流方式，可以告诉同伴距离、食物等信息。

仿生特点对比

在这个仿生学的例子中，快递员是"蜜蜂"，而交货点是"花朵"。

速度
蜜蜂派出飞得最快的"飞行员"去寻找最好的花。

聚集
当蜜蜂发现一个有很多优质鲜花的地方，它们便会派出很多蜜蜂向那个地方进发。

跳舞
蜜蜂通过在其他蜜蜂前面跳舞的方式，告诉它们最优质的鲜花在哪里。

测试
快递应用程序测试了数万条可能的路线。

探索
当应用程序找到一条最好的路线时，它会派出更多的数字"卡车"来探索这条路线。

效率
该应用程序会将最佳路线迅速告知用户。

飞行动物与未来科技

只有随着雁阵飞行，大雁才不会掉队。

成编队飞行的战斗机在安全、效率和通信能力方面都有保障。

本书介绍的这些飞行动物启发了科学家和工程师们在许多技术方面的创新。这些技术创新使现代的飞机、火车和汽车速度更快、效率更高，从而帮助人们节省很多时间。这些技术还能够节省能源，从而更加环保。

所有这些创新都让人们的生活变得更加美好。此外，技术创新带来了更好的产品，如头盔和安全带，危急时刻可以挽救生命；士兵使用改进的声呐、无人机以取得胜利。

现在，工程师们正在研究成队飞行的大雁。他们希望有一天飞机能像它们一样成编队飞行，这将有助于飞机节省更多的燃料，也会使它们飞得更快。还有多家公司也在研发类似蜻蜓的微型无人机供大众使用，而不仅仅用于军事领域。你能想象仿生科技接下来会把我们带到哪里吗？现在，你所要做的就是仰望天空，寻找灵感。

一起探索

保护鸡蛋

你有没有想过头盔是如何保护你的头部的？它们使用了什么材料？头盔摔多远才会破裂？这里有一个有趣的活动，看看你能否找到更好的保护头部的方法。在这个实验中，你要设法保护鸡蛋，不要让它破裂。

活动所需：
- ·一把梯子
- ·煮熟的鸡蛋
- ·头盔
- ·胶带、胶水或绳子
- ·剪刀
- ·保护性材料，如海绵、纸板或气泡膜

活动步骤：

1. 研究你的头盔，写下你认为可以让头部免受伤害的方法。"头脑风暴"一下，想想头盔的每个部分是如何运作的，每个部分有什么作用。

2. 接下来，请参看本书"啄木鸟——减震器"这一部分，相信你会受啄木鸟的启发，设计一个更好的头盔。

3. 使用这些保护材料，在你的鸡蛋"大脑"周围设计你的新头盔。注意：移动鸡蛋时，动作一定要轻柔。

4. 让一个人把你做好的带有头盔的鸡蛋从梯子上扔下来。如果鸡蛋没有破，试着从更高的梯子上扔下来，测试这个鸡蛋从多高的地方坠落才会破裂。

5. 你觉得是什么保障了这颗蛋的安全？又是什么导致鸡蛋破裂？"头脑风暴"一下，你认为哪些设计可行，哪些设计不可行。你可以根据你的实验结果来设计一个改进版的头盔。

6. 活动完成，收拾残局！

词汇表

声呐：指采用声波进行测量和导航的设备。

史无前例：历史上从未发生过的事情。

踏板：此处指原始飞行器上的踩踏装置，可以为飞机提供动力。

滑翔机：指不依靠动力装置而飞行的飞行器。

翱翔：指鸟类等盘旋飞翔。

颠簸：指运动物体的上下抖动。

吸震：吸收或承受震动。

喙：指鸟类等的尖尖的嘴。

颅骨：泛指构成头颅的骨头。

楔形：一端较厚，另一端薄而尖的形状。

悄无声息：指没有声音或声音非常微弱。

回声定位：一种空间定位方法，指动物或设备发射声波，利用折回的声音来定向，这种空间定向的方法，乐为回声定位。

超声波：指超过人耳所能听到的最高频率的声波，即大于20000赫兹。

鱼雷：能在水下航行并攻击一定目标的水中武器。

日臻成熟：越来越成熟。臻，zhēn，达到。

媲美：指好的程度差不多，美好的事物可以相比。

盘旋：指绕着圈地往复移动。

引擎：通常指发动机，为设备提供动力的核心装置。

间谍：指被秘密派遣到一定地方从事窃密等各种非法谍报活动的人员

效率：单位时间内完成的工作量。

编辑程序：单位时间内完成的工作量。

效率：指使用一定的计算机语言进行程序设计的活动。

应用程序：在电脑上编辑出来的小程序，通常被下载到手机上。

摇摆舞：蜜蜂之间的一种交流方式，可以告诉同伴距离、食物等信息。

致读者

亲爱的读者朋友：

阅读完本书，您的收获大吗？本书所介绍的仿生科技是一种热门、前沿技术，也是一个充满趣味性和神秘色彩的技术。之所以我们推荐给孩子尤其是广大中小学生阅读本书，是因为阅读本书不但可以认识功能各异的动物，更能够了解最新的前沿科技，体验科学发现之旅，从而让孩子更加热爱科学。

纯粹的科学知识大都是枯燥无味的，但科学发现的过程却充满趣味和挑战。所以，我们不满足于给孩子灌输具体的科学知识，更希望把科学探索的方法和过程告诉给孩子，让孩子明白科学探索的过程原来如此简单、如此有趣。有了这个认识基础，孩子就有了学习科学的自信，就会不自觉地观察自然，探索神秘世界。

"每个孩子都可能成为爱因斯坦"，人类潜能开发大师这样说。

我们也相信，每个孩子都有无尽的潜能，都有成为科学大师的可能。家长和社会应该做的，就是要给孩子传授科学的理念和知识，启发他们进入正确的科学之门。如果本书能起到一点这样的作用，那我们的愿望也就实现了。我们愿意在"润物细无声"中，给广大焦虑的家长带来一个解决方案，承担一份应有的社会责任。

当然，认识科学靠一两本书是远远不够的，需要建立在大量的阅读基础之上。您还想让孩子阅读哪方面的科技图书，欢迎来信或来电告诉我们，我们将在青少年科普方面继续努力。

讲给孩子的
仿生科技

爬行动物等
与仿生

〔美〕泰莎·米勒/著

郭平/译

河南科学技术出版社

·郑州·

Creepy & Crawly
Animal Tech

备案号：豫著许可备字-2021-A-0107

图书在版编目（CIP）数据

讲给孩子的仿生科技/（美）泰莎·米勒著；郭平译.—郑州：河南科学技术出版社，2021.9

ISBN 978-7-5725-0558-4

Ⅰ.①讲… Ⅱ.①泰… ②郭… Ⅲ.①仿生－青少年读物 Ⅳ.①Q811-49

中国版本图书馆CIP数据核字（2021）第176242号

出版发行：河南科学技术出版社
　　　　　地址：郑州市郑东新区祥盛街27号　　邮编：450016
　　　　　电话：（0371）65788630
　　　　　网址：www.hnstp.cn
策划编辑：李振方
责任编辑：李振方
责任校对：黄亚萍
封面设计：李　娟
责任印制：张艳芳
印　　刷：河南博雅彩印有限公司
经　　销：全国新华书店
开　　本：787 mm×1092 mm　1/16　印张：12　字数：150千字
版　　次：2021年9月第1版　　2021年9月第1次印刷
定　　价：98.00元（共4册）

如发现印、装质量问题，影响阅读，请与出版社联系并调换。

目　录

蚂蚁经常成群结队地修建道路，采集食物，保护家园。

面对日益严峻的计算机安全问题，工程师们向大自然寻求解决之道。

简　介

　　地球上生活着很多看起来黏糊糊、令人毛骨悚然[1]的生物。据研究，世界上约有800万不同物种的动物，其中80%是虫子，这意味着地球布满了虫子。它们的形状和大小各不相同。蠕虫[2]也随处可见，它们在地上或地下爬行，有的生活在自然环境中，有的寄生在动物体内。大自然中还有大约9500种爬行动物，包括蛇、蜥蜴、乌龟和鳄鱼等。

　　能力非凡的动物引起了许多科学家的注意。通过研究蠕虫、蜘蛛和爬行动物，科学家们开发出了多项新技术。例如，他们制造了一个能够像蛇一样移动的机器人，仿照白蚁丘建造了一个购物中心。科学家和工程师们一直在通过模仿大自然来改善人类的生活。这就是我们所说的"仿生科技"，"仿"的意思是模仿他物，"生"的意思是生命。人类的很多科技都受到动物的启发。

---

①**毛骨悚然**：毛发竖起，脊背发冷，形容人恐惧害怕的样子。

②**蠕虫**：非常小、细长，像蚯蚓那样圆滚滚、柔软的虫子。

棘头虫

伤口贴片

幼小的棘头虫寄生在昆虫体内。昆虫被鱼吃掉后，棘头虫就会转移到鱼体内生存。

据调查，孩子们去医院接受治疗的很大一部分原因是受伤。

　　寄生虫①似乎没什么用处。大多数人一想到它们，皮肤就会起鸡皮疙瘩。然而，医生却受到了这些虫子的启发，制造出很多医疗器具。

　　医生有时会遇到伤口很深、需要进行缝合的人，通常情况下，医生需要用针和线来缝合伤口。缝合线的材料较为特殊，有时尽管线不够结实，医生也必须进行缝合，伤口极有可能会开线，给病人带来痛苦。

　　医生需要找出一种更好的方法来处理那些难以缝合的伤口，他们向大自然寻求帮助，功夫不负有心人，他们最终发现了棘头虫②。这种虫子能寄生并牢牢地依附于宿主③身上。通过模仿棘头虫的特性，医生研发了一种新型的伤口贴片。这种贴片可以像棘头虫一样牢牢地与伤口固定在一起，还可以保持伤口清洁，加速伤口愈合。

①**寄生虫**: 寄生在其他动物或植物体内或体表而生活的动物，通常是有害的。

②**棘头虫**:广泛分布于世界各地，营寄生生活，具有致病性，成虫寄生在脊椎动物体内，幼虫寄生在节肢动物体内。

③**宿主**: 指为寄生生物等提供生存环境的动物或植物。

仿生科技探索

棘头虫通常寄生在鱼的肠道中，这种虫子的头部（吻突①）非常特殊，形状像一根针。首先，它把吻突刺入鱼肠，然后吻突膨胀变大，从而牢牢地固定下来。

医生通过模仿棘头虫，研制了一种附有数百个小钩子的贴片。每个小钩子就像棘头虫的吻突一样。医生将贴片轻轻贴在伤口周围的皮肤上，小钩子便膨胀起来，从而起到严密缝合伤口的作用。

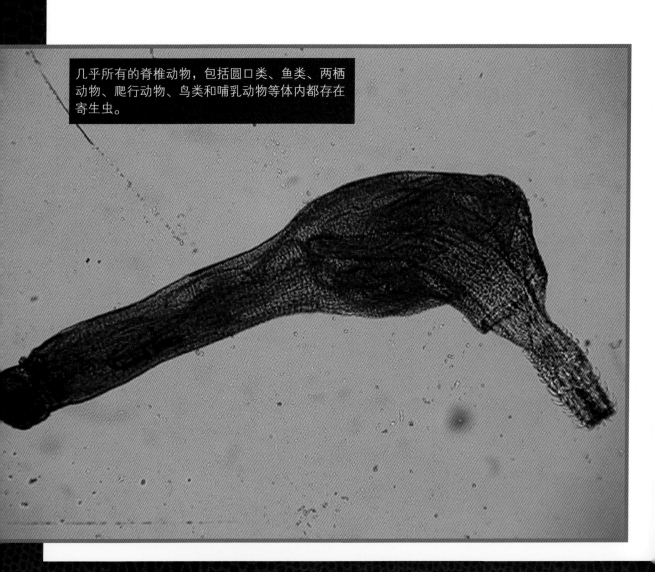

几乎所有的脊椎动物，包括圆口类、鱼类、两栖动物、爬行动物、鸟类和哺乳动物等体内都存在寄生虫。

通常情况下，医生可以移植伤者背部或大腿上的皮肤来修补伤口。

尽管医生还没有在伤者身上大面积使用这种新型贴片，但他们相信这些小钩子不会对伤者造成伤害。他们想把这种贴片用于治疗烧伤的患者。因为这些患者通常需要皮肤移植②，而这种贴片使皮肤移植更安全。

医生还希望将这种贴片用于促进普通伤口的愈合，因为这种贴片比缝合线的效果要好。贴片就像寄生虫一样，可牢牢地贴在人的皮肤表面上。

你知道吗？

古希腊人和古罗马人经常用蜘蛛丝来缝合伤口。

①**吻突**：指动物的嘴或头部向前突出的部位。

②**移植**：将一块皮肤、肌肉或骨头从身体的某一部位转移到另一个缺陷部位，以帮助其快速愈合。

9

仿生特点对比

寄生虫会使人感染疾病，医生却在它们身上找到了改进医疗器具的灵感。

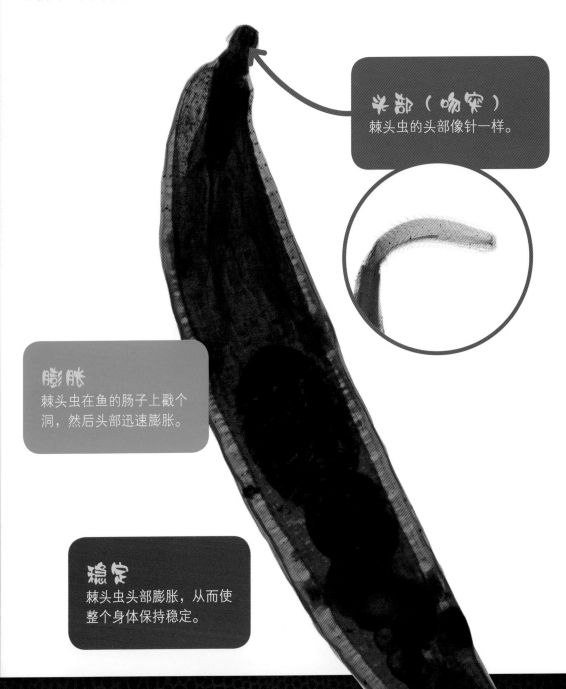

头部（吻突）
棘头虫的头部像针一样。

膨胀
棘头虫在鱼的肠子上戳个洞，然后头部迅速膨胀。

稳定
棘头虫头部膨胀，从而使整个身体保持稳定。

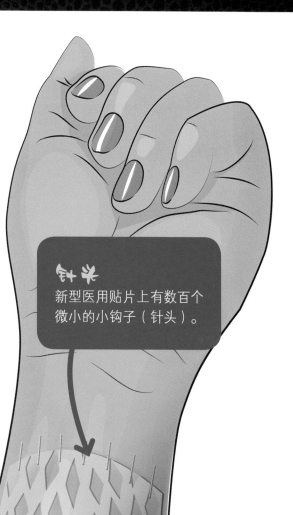

针头
新型医用贴片上有数百个微小的小钩子（针头）。

黏合
针头吸水后就会膨胀。

安全
即使在潮湿的表面上，贴片也能保持在特定位置。

白蚁丘

节能建筑

白蚁使用它们的唾液、粪便和土壤来建造蚁丘。

位于津巴布韦首都哈拉雷的一处购物中心没有安装空调，但借助仿生科技，整座大楼在夏天能保持惊人的凉爽。

　　你有没有发现，在夏天，通常楼上比楼下要热得多，这是由于热空气是向上升①的。当空气变热时，它的密度②就会变小，然后，热空气会飘浮在冷空气之上。在高层建筑中，热空气会上升到顶层，因而在非常炎热的地方，给顶层降温非常困难。

　　如今，人们通常使用空调给高楼降温，但空调昼夜不停地运转，需要消耗大量的电力，电力成本非常高。津巴布韦的建筑师米克·皮尔斯想解决这个难题。

　　米克·皮尔斯希望从大自然中寻求解决办法。他研究了白蚁丘，发现这些白蚁丘即便在一天中最热的时候也可以保持凉爽，而在夜晚最冷的时候，白蚁丘却能保持温暖。

①**上升**: 指空气上浮。在正常条件下，热空气因密度小会上升，冷空气因密度大会下沉。

②**密度**: 一个重要的物理概念，指的是某种物质的质量和其体积的比值。

白蚁丘的结构非常复杂，内部有许多用于储存食物的隧道和房间。

仿生科技探索

　　白蚁采用了一种独特的结构使蚁丘保持凉爽。在蚁丘的内部，有一个很大的排气孔，数百个通向外面的微小隧道①与其相连。白天，隧道里充满了热空气，热空气上升，将冷空气向下推，从而使凉爽的空气进入蚁丘的生活区。夜间，冷空气进入隧道。生活区的暖空气上升，将冷空气推出隧道。这样，气流使生活区一直保持在适宜居住的温度。

---

①**隧道**：在地下、海底或大山挖掘的通行道路。

皮尔斯设计了津巴布韦最大的商务中心——东门商务中心，他借鉴了白蚁丘的温度调节系统，屋顶有通风口，就像烟囱一样。墙壁上有通风管道延伸到大楼外部。这个系统创造了和蚁丘内相同的气流环境，使大楼内能一直保持凉爽，不需要开空调，从而省了很多钱。

东门商务中心内有许多商店和商务办公室，占据了半个街区的位置。

15

仿生特点对比

如何在不消耗大量能量的情况下使大型建筑保持凉爽呢？对蚁丘的仿生模拟便是一个好办法。

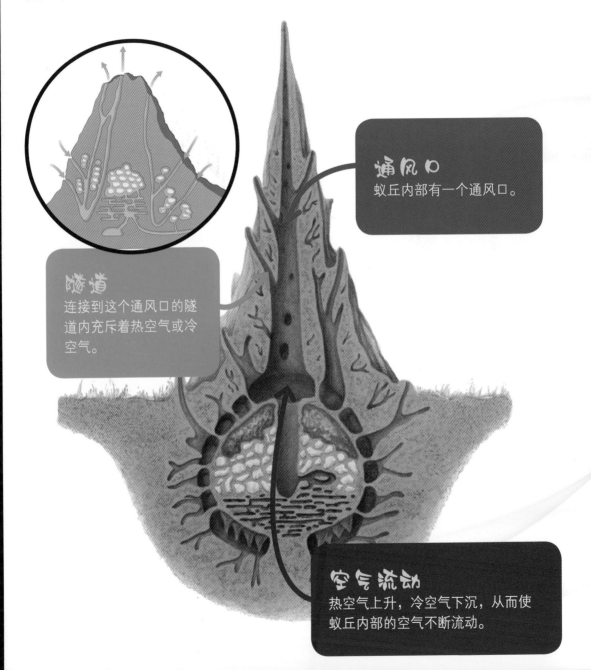

通风口
蚁丘内部有一个通风口。

隧道
连接到这个通风口的隧道内充斥着热空气或冷空气。

空气流动
热空气上升，冷空气下沉，从而使蚁丘内部的空气不断流动。

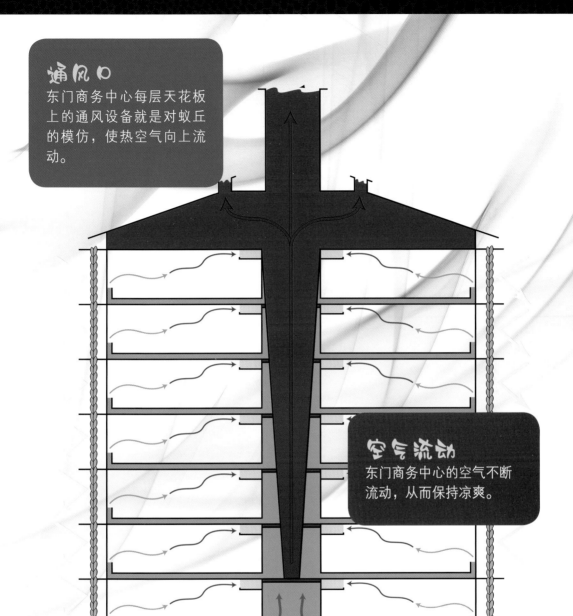

通风口

东门商务中心每层天花板上的通风设备就是对蚁丘的模仿，使热空气向上流动。

空气流动

东门商务中心的空气不断流动，从而保持凉爽。

管道

商务中心的墙壁内有数百根管道，可使冷、热空气保持流动。

蜘蛛网

防弹衣

蜘蛛是一种常见的节肢动物，它们吐丝结网、捕食虫子并繁衍后代。蜘蛛丝主要由蛋白质构成，而蛋白质是生命的基本组成物质。

防弹衣通常由芳纶纤维①制成，这种纤维是一种强度非常高的物质。

　　近年来，中东地区②发生过几场战争，许多士兵都参加过伊拉克战争（2003—2011年）。在巴格达，他们承受着43℃的高温。

　　在这种高温条件下作战的士兵，衣服当然是越轻薄越好，但重要的是，他们必须穿着能遮盖身体所有部位的制服和厚重的防弹衣。虽然防弹衣可以防弹，保护士兵的安全，但也会使士兵在高温地区的工作变得非常困难。

　　幸运的是，科学家找到了减轻防弹衣重量的方法，他们研究了自然界中最坚固的纤维之一——蜘蛛丝。

①**芳纶纤维**：一种新型合成纤维。有超高强度、耐高温、耐酸耐碱、重量轻等优良性能，强度是钢丝的 5~6倍，密度仅为钢丝的1/5左右。

②**中东地区**：是地中海东部与南部区域的概称。

仿生科技探索

　　蜘蛛利用蜘蛛丝结网。与其他天然纤维相比，蜘蛛丝弹性大，韧性①好，强度高，非常轻巧。

　　科学家在实验室养了很多蜘蛛。他们研制了一种类似蜘蛛丝的材料，这种材料看起来像人的皮肤，却能挡住子弹。在实验室里，研究人员使用蜘蛛丝和蚕丝研制出了一种非常结实的丝线，利用这些丝线，他们制成了一种名为"龙丝"的新布料，这种布料可以用来制作极好的防弹衣。"龙丝"比现在警察和士兵穿的防弹衣还结实。采用这种方式制作防弹衣有利于环境保护，因为其不需要使用化学物品，也不会产生污染。

蜘蛛丝最初是液体，遇到空气之后变硬，最终成为一种有弹性、异常结实的纤维。

世界各地的研究团队都在竞相使用蜘蛛丝制造各类产品。

一家公司正在培养微生物②和一些小型生物，希望它们能够像蜘蛛一样吐丝。现在，这家公司不仅可以快速生产丝线，还能够使用这些丝线制造既坚固又有弹性的汽车零件，这些零件可以使人们在交通事故中免受伤害。

你知道吗？

蚕在结茧时仅需一根丝线，这根蚕丝可长达900米。

①韧性: 指材料受到外力扭拉而不断裂的抵抗能力。
②微生物: 形体微小、构造简单的生物的统称，包括细菌、真菌、原生生物及病毒等。

仿生特点对比

蜘蛛丝是一种独特的天然纤维，科学家们一直想用它造福人类。

坚固
蜘蛛丝编织在一起时，强度比钢铁还大。

轻盈
蜘蛛丝非常轻盈。

天然
蜘蛛吐的丝一种天然材料。

强度高
"龙丝"极其结实，编织成衣服可以挡住子弹。

环保
与其他材料相比，生产环保的"龙丝"对环境没有破坏。

轻薄
这种材料质地轻薄，很容易与其他衣物搭配。

壁虎

攀爬利器

壁虎是蜥蜴的一种，在大自然中有近1000种。

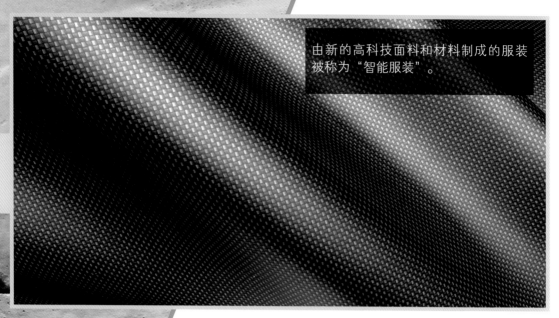

由新的高科技面料和材料制成的服装被称为"智能服装"。

　　壁虎是世界上最擅长攀爬的动物之一，这种小动物几乎可以爬到任何东西上。它们可以在树林中穿行，可以攀爬到天花板上，还可以在平坦、光滑的物体表面爬行。想象一下，如果人类也能这样攀爬，世界将会是什么样子呢？如果一个人只用他的手和脚就能爬上房顶，那会怎么样呢？

　　一个研究团队想要对这些问题一探究竟，他们发起了一个研究项目，聘请了生物学家①来研究壁虎。他们根据研究成果，制造出了一种新的材料，并将其称为壁虎皮。这种材料可供士兵在执行任务时使用，可以让士兵像壁虎一样攀爬。士兵们不需要那些复杂沉重的登山装备，也无须携带绳子或系安全带就可以进行攀爬。

①**生物学家**：以植物或动物等为研究对象的科学家。

仿生科技探索

　　壁虎的脚上覆盖着数百万根微小的毛状纤维，这些毛状纤维就像小钩子一样。在壁虎爬行时，整个脚部的肌腱①会绷紧，壁虎就会牢牢吸附在墙壁上。当壁虎想要再次爬行时，肌腱就会放松，毛状纤维也会随之放松并张开，从而向前移动。

　　人们制造的壁虎皮上有一层柔软的超细纤维，形似壁虎脚趾上面覆盖的一层硬性皮肤。壁虎皮上的这些织物就像壁虎的毛状纤维，采用一种特殊的方式编织而成，这也是它可以像壁虎的肌腱一样工作的原因，只有手掌大的一块壁虎皮就可以承受320千克的重量。

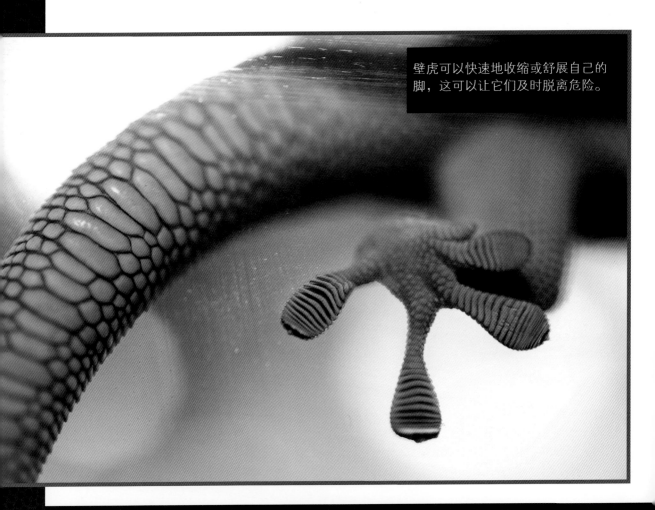

壁虎可以快速地收缩或舒展自己的脚，这可以让它们及时脱离危险。

26

科学家希望士兵可以利用壁虎皮在城市建筑物上攀爬，这样他们就不必携带绳索和梯子。有了壁虎皮，他们就可以更快、更安全地攀爬。

科学家计划利用壁虎做更多的事情，而不仅仅是爬墙。他们想研发像壁虎一样自由爬动的机器人，这些机器人可以用于外太空②探索。

①**肌腱**：连接肌肉、骨骼的结缔组织。

②**外太空**：指地球大气层之外的空间区域，又称为宇宙空间。

仿生特点对比

壁虎只用脚就可以在几乎任何地点攀爬。如果人们穿上壁虎皮，同样可以做到。

牵引力
壁虎可以在垂直的表面轻松爬行，它们甚至可以在天花板上爬行。

毛状纤维
壁虎的脚上有着成千上万根微小的毛状纤维，它们能像钩子一样抓牢墙壁。

肌腱
每根毛状纤维后面都有一根肌腱，可使其紧紧抓在物体表面上。

超强抓力
有了壁虎皮，人们就拥有了超强抓力，不需要绳索和梯子就可以直接攀爬。

超细纤维
成千上万个超细纤维帮助壁虎皮黏附在物体表面。

固定织物
可以固定住每一根超细纤维。

蛇

机器人

世界上有3000多种蛇。它们没有腿和脚，依靠肌肉和鳞片进行移动。

世界各地的很多研发机构都在制造新型机器人。这些机器人看起来各不相同，但灵感很多都来源于蛇。

　　一场剧烈的地震过后，建筑物成片倒下，救援人员火速赶往现场救援。尽管建筑物中的人大声呼救，但救援人员无法接触到他们，因为砖石堵住了通道。

　　幸运的是，科学家们设计出了一种在这种情况下可以提供帮助的机器人，它的形状就像一条蛇，可以进入空间非常狭小的地方，可以自由穿梭①、攀爬。它的爬行速度甚至比世界上爬行最快的蛇还要快。

　　救援者可以利用这些机器人迂回穿越于危险之中，从而保证救援者的安全。人们可以预先给机器人设定好探索各种危险区域的程序②，当然也可以用遥控器控制它。

　　这些机器人的发明，都受到大自然的启发，但并不是完全复制。研究者从自然界获得灵感，让技术变得更好，这就是仿生科学的重大意义。

---

①**穿梭:** 像梭子一样往来运动频繁。

②**程序:** 给某项技术一套指令，使其完成某项任务。

仿生科技探索

实验室称上述机器人为模块化①的蛇形机器人。科学家在许多不同的地方对蛇形机器人进行了测试，从热带雨林到冰冻湖泊，蛇形机器人几乎可以在任何环境下移动，但它在沙漠深处却难以工作，因为当它在沙子上移动时，无法获得有效的牵引力②。因而，科学家必须找到一种可以在沙地上行走的动物。

于是，科学家把希望寄托在了一种叫侧进蛇③的身上。这种蛇的爬行方式很独特，它们把身体尽可能地压扁，然后扭曲成"之"字形，这样就可以穿过沙地。即使沙子在流动，它们也可以很容易地爬上沙丘。

这对科学家们来说简直是一个巨大惊喜，他们制造了一个模块化的蛇形机器人来模仿侧进蛇，这款机器人现在可以去任何地方进行搜救工作，在灾难中拯救生命。

侧进蛇是响尾蛇的一种，它们会攻击人，并且有毒。

研究人员制造了一种可以在管道中爬行的机器人，它们可以接触到地震后被砖石掩埋的人员。

①**模块化**：许多机器部件以不同的方式组合在一起。

②**牵引力**：指使汽车、轮船等物移动的力。

③**侧进蛇**：又称角响尾蛇、夜行蛇，生活于墨西哥和美国西南部的荒漠中。体长45~75厘米，身体呈淡黄色、粉红色或灰色。在沙漠中侧向前进，留下特有的"之"字形痕迹。有毒。

你知道吗？

蛇形机器人通常是分段制造的，它的每个部分都有一些特殊的部件。如果需要机器人在一个任务中完成很多指令，那就需要在机器上添加很多部件。

仿生特点对比

　　研究人员为了制造具有搜救功能的机器人，就对蛇的身体构造和运动方式进行了模仿。

外形
蛇身体细长，而且非常灵活。

机动性
尽管没有手和脚，蛇也可以随意移动、游泳、爬行。

皮肤表层
侧进蛇可以蜿蜒曲折地爬上陡峭的沙丘。

外形
研究人员制造了一个蛇形的模块化机器人。

区域广泛
研究人员能够设定程序让机器人游泳、攀爬，并呈"之"字形穿越危险区域。

机动性
蛇形机器人可以在没有轮子或翅膀的情况下自由移动。

蚂蚁

杀毒软件

为解决难题，工程师、建筑师、数学家和计算机专家一直在研究蚂蚁，因为蚂蚁是优秀的问题解决专家。

计算机病毒危害非常大，它们会对网络世界造成损害，比如窃取个人信息。

　　蚂蚁的体形并不大，普通的黑蚂蚁大约只有0.5厘米长，蚂蚁必须相互协作才能生存。它们群居[1]在蚁穴之中，每个蚁群都有数百只甚至上千只蚂蚁，每只蚂蚁都有自己的任务。通过团结协作，蚂蚁可以变得非常强大。有时，蚂蚁会遭到其他动物的攻击，蚁群会对其进行反击。

　　计算机的运行原理就像蚁群一样。一台完整的计算机包括硬件和软件，硬件包含上千个小部件，软件[2]则储存在电脑的硬盘、内存之中。每个部件都有自己的作用。当这些部件协同运作时，计算机就可以完成很多工作。

　　但是当病毒攻击计算机时，计算机就无法反击。病毒入侵计算机是一个全球性的大难题。研究人员正努力解决这一问题，他们在研发一种可以对病毒进行反击的软件，该软件对蚂蚁保护蚁群的途径和方式进行了模仿。

---

①**群居**：一种集体生活方式，指的是三个以上个体生活在一起。
②**软件**：通常指的是计算机程序。

仿生科技探索

　　人们使用杀毒软件保护计算机，杀毒软件可以扫描[①]并检测计算机中是否存在病毒。但是，如果它一直处于扫描状态，计算机的运行速度就会减慢。它可以每天扫描一次或每周扫描一次，但是软件处于关闭状态时，病毒还是有机会入侵计算机。为此，研究人员研发了一种新型杀毒软件，它通过使用数字化的"蚂蚁"来保护计算机。

　　在每一个蚁群里，都会有一些"侦察兵"，它们负责出去寻找食物。如果它们找到了食物，就会回到蚁群中，并向其他蚂蚁发出信号，然后会有一大群蚂蚁去搬运食物。蚁群中也有兵蚁，它们会攻击那些可能伤害到蚁群的敌人。和蚁群一样，杀毒软件首先派出"侦察兵"，这些数字侦察兵在计算机系统中"巡逻"。如果它们发现了病毒，就会向其他"数字蚂蚁"发送信号，接下来，这些"蚂蚁"就会攻击病毒。

兵蚁们对敌人进行反击以保护蚁群，当然它们也可能主动出击以获取食物。

在网络时代，一些大型公司必须聘用计算机维护人员，以使公司的计算机系统免受病毒和其他攻击。

　　蚁群在遭到攻击后，蚂蚁们会修复损伤。同样地，新型杀毒软件也会这样做。

　　新型杀毒软件会不断对电脑进行扫描。但它每次只使用一小部分"数字蚂蚁"，因此不会降低计算机的运行速度，这意味着该软件在需要时可以迅速派出大量的"数字蚂蚁"进行攻击。

---

①**扫描**：为了找到某物而仔细地查看或分析。

仿生特点对比

　　虽然蚂蚁个头很小，但蚁群却很强大。新型杀毒软件正是模仿了蚂蚁保护蚁群的工作方式。

巡逻
蚂蚁中的"侦察兵"不断在蚁群中巡逻。

攻击
当蚂蚁遭到攻击时，兵蚁便会蜂拥而上，帮助它战胜敌人。

修复
工蚁会修复敌人造成的破坏。

监控
杀毒软件中负责巡逻的"蚂蚁"可以监控计算机系统。

攻击
一旦检测到病毒，软件会发动更多的"蚂蚁"来攻击它。

修复
计算机遭到病毒入侵后，软件可以对其进行修复。

爬行动物等与未来科技

蛇通过吐信子来感知空气中的化学信息，它将信息收集在一起，可以在脑海中构建一张周围环境的地图。

研究人员在继续改进蛇形机器人，新型机器人可以对环境中的化学物质产生反应。

即便是最令人惊悚的动物也可以为人们改进科学技术提供思路。对棘头虫、白蚁、蜘蛛等的研究使人们的生活变得更加美好，同时也带来了许多新发明，其中包括防止伤口感染的伤口贴片，它可以加速愈合伤口；壁虎皮可以让人类像壁虎一样在墙上攀爬；未来可以用蜘蛛丝制作防弹衣……如果科学家们不借助仿生科技，那么这些技术也就不可能出现。

新技术对人类大有裨益①，令人兴奋不已，但同时，它们也是有风险的。蛇形机器人可能被犯罪分子用于跟踪或盗窃，壁虎皮也可能被用于间谍活动中，或被用于非法闯入民宅。

科学家们将会继续通过研究动物来改变世界，那么接下来又会出现什么新发明呢？

①**大有裨益**：形容好处非常多。

一起探索
动物脚部的奥秘

　　山羊是如何在岩石上行走的呢？企鹅是如何防止自己在冰上滑倒的呢？让我们探索一下，动物是如何在各种地形中如履平地的。你可以对不同的鞋子进行测试，看看它们的抓地力如何。

活动所需:
· 同学若干名
· 不同鞋底的鞋子，可以是皮鞋、芭蕾舞鞋、网球鞋、高跟鞋、雪地靴、拖鞋等

· 地毯、地板、油毡、砾石、草地等不同的行走面
· 纸和笔

活动步骤:

1. 将同学分成人数相等的若干小组。在你的小组中，至少要检测三种鞋子。猜想它们分别适合在哪种材质的物体上行走。

2. 认真思考在不同环境下生活的动物，它们的脚都是哪种类型的。把那些动物的脚与经过测试的鞋子进行比较，它们有何异同点？

3. 接下来，进行一个试验。小组成员穿上不同类型的鞋子，在不同材质的行走面上行走，同时记录每种鞋子适合在哪种材质的物体上行走。当心不要滑倒。

4. 所有小组结束试验后，比较一下所记录的内容。

5. 每种类型的鞋子分别适合在哪种材质的表面上行走？是否有某种类型的鞋子在所有材质的表面上都难以行走？对照你所列的动物名单，思考每种动物分别适合在哪种地面上行走。

词汇表

毛骨悚然：毛发竖起，脊背发冷，形容人恐惧害怕的样子。

蠕虫：非常小、细长，像蚯蚓那样圆滚滚、柔软的虫子。

寄生虫：寄生在其他动物或植物体内或体表而生活的动物，通常是有害的。

棘头虫：广泛分布于世界各地，营寄生生活，具有致病性，成虫寄生在脊椎动物体内，幼虫寄生在节肢动物体内。

宿主：指为寄生生物等提供生存环境的动物或植物。

吻突：指动物的嘴或头部向前突出的部位。

移植：将一块皮肤、肌肉或骨头从身体的某一部位转移到另一个缺陷部位，以帮助其快速愈合。

上升：指空气上浮。在正常条件下，热空气因密度小会上升，冷空气因密度大会下沉。

密度：一个重要的物理概念，指的是某种物质的质量和其体积的比值。

隧道：在地下、海底或大山挖掘的通行道路。

芳纶纤维：一种新型合成纤维。有超高强度、耐高温、耐酸耐碱、重量轻等优良性能，强度是钢丝的5~6倍，密度仅为钢丝的1/5左右。

中东地区：是地中海东部与南部区域的概称。

韧性：指材料受到外力扭拉而不断裂的抵抗能力。

微生物：形体微小、构造简单的生物的统称，包括细菌、真菌、原生生物及病毒等。

生物学家：以植物或动物等为研究对象的科学家。

肌腱：连接肌肉、骨骼的结缔组织。

外太空：指地球大气层之外的空间区域，又称为宇宙空间。

穿梭：像梭子一样往来运动频繁。

程序：给某项技术一套指令，使其完成某项任务。

模块化：许多机器部件以不同的方式组合在一起。

牵引力：指使汽车、轮船等物移动的力。

侧进蛇：又称角响尾蛇、夜行蛇，生活于墨西哥和美国西南部的荒漠中。体长45~75厘米，身体呈淡黄色、粉红色或灰色。在沙漠中侧向前进，留下特有的"之"字形痕迹。有毒。

群居：一种集体生活方式，指的是三个以上个体生活在一起。

软件：通常指的是计算机程序。

扫描：为了找到某物而仔细地查看或分析。

大有裨益：形容好处非常多。

致读者

亲爱的读者朋友：

阅读完本书，您的收获大吗？本书所介绍的仿生科技是一种热门、前沿技术，也是一个充满趣味性和神秘色彩的技术。之所以我们推荐给孩子尤其是广大中小学生阅读这本书，是因为阅读本书不但可以认识功能各异的动物，更能够了解最新的前沿科技，体验科学发现之旅，从而让孩子更加热爱科学。

纯粹的科学知识大都是枯燥无味的，但科学发现的过程却充满趣味和挑战。所以，我们不满足于给孩子灌输具体的科学知识，更希望把科学探索的方法和过程告诉给孩子，让孩子明白科学探索的过程原来如此简单、如此有趣。有了这个认识基础，孩子就有了学习科学的自信，就会不自觉地观察自然，探索神秘世界。

"每个孩子都可能成为爱因斯坦"，人类潜能开发大师这样说。

我们也相信，每个孩子都有无尽的潜能，都有成为科学大师的可能。家长和社会应该做的，就是要给孩子传授科学的理念和知识，启发他们进入正确的科学之门。如果本书能起到一点这样的作用，那我们的愿望也就实现了。我们愿意在"润物细无声"中，给广大焦虑的家长带来一个解决方案，承担一份应有的社会责任。

当然，认识科学靠一两本书是远远不够的，需要建立在大量的阅读基础之上。您还想让孩子阅读哪方面的科技图书，欢迎来信或来电告诉我们，我们将继续在青少年科普方面努力。

讲给孩子的仿生科技

陆地动物与仿生

（美）泰莎·米勒/著

郭平/译

河南科学技术出版社

·郑州·

Fur & Claws
Animal Tech

备案号：豫著许可备字－2021－A－0107

图书在版编目（CIP）数据

讲给孩子的仿生科技/（美）泰莎·米勒著；郭平译. —郑州：河南科学技术出版社，2021.9
ISBN 978－7－5725－0558－4

Ⅰ.①讲… Ⅱ.①泰… ②郭… Ⅲ.①仿生－青少年读物 Ⅳ.①Q811－49

中国版本图书馆CIP数据核字（2021）第176242号

出版发行：河南科学技术出版社
　　　　　地址：郑州市郑东新区祥盛街27号　　邮编：450016
　　　　　电话：（0371）65788630
　　　　　网址：www.hnstp.cn
策划编辑：李振方
责任编辑：李振方
责任校对：黄亚萍
封面设计：李　娟
责任印制：张艳芳
印　　刷：河南博雅彩印有限公司
经　　销：全国新华书店
开　　本：787 mm ×1092 mm　1/16　印张：12　字数：150千字
版　　次：2021年9月第1版　　2021年9月第1次印刷
定　　价：98.00元（共4册）

如发现印、装质量问题，影响阅读，请与出版社联系并调换。

目　录

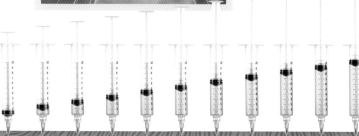

科学家们一直在寻找改进皮下注射针头的方法，他们从豪猪的刚毛上获得了启示。

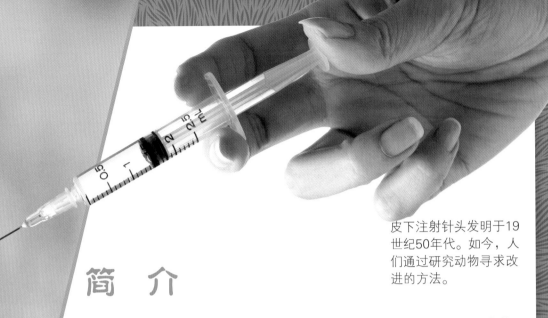

皮下注射针头发明于19世纪50年代。如今，人们通过研究动物寻求改进的方法。

简 介

　　陆地动物指在陆地上生活和繁殖的动物，在我们的生活中，以哺乳类、鸟类、爬行类等动物较为常见，它们就在我们身边。虽然它们被称为陆地动物，但它们中有的也能在水中游泳，有的能在大地上奔跑、爬行、跳跃，有的甚至可以产卵①。正因为动物的多样性，科学家们经常从它们身上寻找灵感，并利用这些灵感来帮助解决问题，研发新的技术。这就是"仿生"，"仿"的意思是模仿，"生"的意思是生命。

　　几乎所有技术领域的发展都得益于对于陆地动物的研究。通过研究豚鼠和马，疫苗②得到了改进；通过研究哺乳动物的皮毛，人造织物更保暖；通过研究大象的鼻子，机器手臂得到了改进。科学家甚至通过研究人类自身来改进技术，通过研究人脑，他们改进了CAT扫描仪（计算机X射线轴向分层造影扫描仪），这些机器现在甚至可以测量人的情绪。目前，科学家们正从更多陆地动物身上寻找灵感，以帮助人类延年益寿，使我们的生活更健康、更美好。

---

①**产卵**：指动物产下卵而生。卵生哺乳动物通常是一些古老的物种，如鸭嘴兽。
②**疫苗**：一种保护人们免受疾病侵害的药物，使机体产生免疫力的病毒、立克次体等的药剂。

动物毛皮

魔术贴

苍耳属植物也许很惹人讨厌，但只要动物不吃它，它就不会对动物造成伤害。

6

魔术贴又称为粘贴带，是一种很常见的纤维连接材料，它的一面是细软的纤维，另一面是带硬钩的刺毛。

你可曾注意过，在你溜狗的时候，狗的腿上经常粘着一片一片植物呢？瑞士工程师乔治·梅斯特拉尔也注意到了这一点。

有一天，梅斯特拉尔带着他的爱犬去森林徒步，返回时，他发现他的裤子上和爱犬身上都粘满了苍耳①子。

他对这些苍耳子感到非常好奇，对它们进行了研究，发现苍耳子的毛刺能够紧紧地附着在物体上，但也可以很轻易地被取下来。梅斯特拉尔花了很长时间才明白其中的奥秘，并利用这个奥秘做了一些类似的东西。经过不懈努力，他于1955年成功发明了魔术贴（Velcro）。

---

①**苍耳**：一种草本植物，果实长卵形，有钩刺。有圆形、尖尖的豆荚，里面有种子。

仿生科技探索

　　苍耳子的表层有很多个小钩子,而蓬松的动物皮毛就像细小柔软的毛圈。当动物碰到苍耳子时，钩子就会钩在柔软的毛圈上。魔术贴由两面制成，一面是倒钩，另一面则是软环。当压在一起时，两面就粘住了。

苍耳上的小钩子使得它们可以钩住动物的毛皮。但是，当动物抓挠或者撕咬，或者碰到其他东西时，苍耳子就会掉落下来。

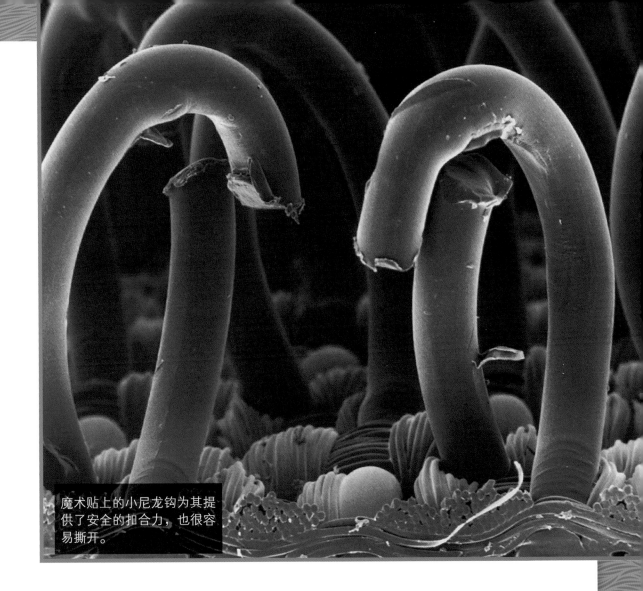

魔术贴上的小尼龙钩为其提供了安全的扣合力，也很容易撕开。

梅斯特拉尔制作的魔术贴可以用来代替衣服上的拉链和纽扣。最开始的研究的魔术贴两面都是棉布做的，但是棉钩用上几次就会坏掉。梅斯特拉尔和他的团队认为尼龙的强度更高，他们就用尼龙材料制作钩子。结果证明，他们是对的，尼龙钩非常耐用，扣合力也很强。

你知道吗？
在太空失重状态下，宇航员衣服上使用的就是类似魔术贴的搭扣。

仿生特点对比

魔术贴模仿了苍耳子附着在动物毛皮上的独特方式。

小钩

每个苍耳子的表层都有许多小钩子，它们能钩在动物的毛皮上。

毛圈

动物的皮毛缠结在一起形成柔软细小的毛圈。

黏附和掉落

动物可能会偶然间将苍耳子带到另一个地方。如果它从动物身上掉落下来，便会生根发芽，长成一株新的植物。

倒钩
魔术贴的一面是像倒刺一样的倒钩。

软环
魔术贴的另一面由密集的软环组成。

黏合
当魔术贴的两面压在一起时，钩子和软环便会贴合在一起。当魔术贴被拉开时，两面就会分开。

11

北极熊
保暖面料

北极熊生活在极寒的北极。

很多衣服由人造材料制作而成，如尼龙、天鹅绒和涤纶①，还有一些衣服由天然材料制成，如棉花、丝绸和羊毛。

　　想象一下，如果地球完全被冰雪覆盖，世界各地的气温都将降至零下②，如果人类只剩下皮肤和毛发来保暖，会是一番怎样的景象呢？很明显，每个人都会冻僵的！人类身上没有浓密的毛发，皮肤所起到的保暖作用也十分有限。因此，人类需要穿很多层衣服来保暖。

　　北极熊的保暖方式非常独特。它们身上有一种特殊的皮毛，可以在低于零下40 ℃的环境中生存。服装设计师通过研究北极熊的皮毛，研发了一种新的面料，这种面料既保暖，又轻便。

①涤纶：一种合成纤维，常用于制衣服、绳子等，强度高，弹性大。
②零下：温度低于0 ℃。

靠着密实毛发和皮肤下达10厘米厚的脂肪层，北极熊能够保持身体内的热量几乎不流失。

仿生科技探索

　　北极熊的皮毛有两层。内层是柔软的绒毛，可以防止北极熊体温散失；外层是防水针毛，这些毛是中空的，内部有大量的空气，这增强了北极熊（毛皮）的隔热能力①。通过这种特殊皮毛，北极熊在气温极低的环境中也可以生存。

英国一家公司对北极熊的皮毛进行了仿制。该公司设计了一种很薄的保暖面料。这种面料由两层制成，里层由实心线制成，可锁住体温；外层由空心线制成，可增强面料的保暖能力。该公司将这两种线编织在一起。当空气温度很高时，人体的热量可以通过面料上的小孔散发出去，使人体保持凉爽。当气温很低的时候，这种面料可以帮助人们像北极熊那样调节②体温。在冬天，人们也就不需要穿很多的衣服。

①**隔热能力**：隔绝热量散发的能力。
②**调节**：从数量或程度上控制，使其符合要求。

研究发现，穿多层薄衣服比穿一两层厚衣服更保暖。这是因为多层薄衣服可以把空气隔于衣服之间，起到隔热作用，从而提高了保暖能力。

仿生特点对比

　　英国一家公司研发了一种和北极熊皮毛很像的面料。

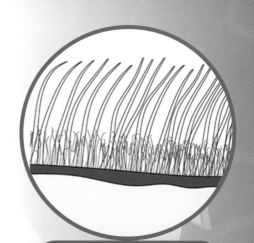

外层
北极熊皮毛的外层是中空针毛，内有空气，能起到隔热的作用。

内层
内层是柔软的绒毛，可以锁住北极熊的体温。

轻薄
内层和外层都相对较薄，不影响北极熊敏捷地活动。

外层
面料外层的中空针毛内有空气，可实现良好的隔热效果。

内层
面料内层轻薄且结实，摸起来很柔软，有助于锁住体温。

轻盈
该面料由内外两层构成，是一种轻盈、保暖效果极好的面料。

猫眼

道路反光板

猫的眼睛在完全黑暗的情况下是看不到东西的，但是只需要人眼看到物体所需光线的六分之一，猫就可以看得很清楚。

道路反光板在黑暗中不会发光，它们需要光源的照射才会反光。

人类自从发明汽车以来，就一直致力于解决道路行驶的安全问题。人们用画线的方式来划分车道，不同的颜色提醒人们应该在哪条道上驾驶，这有效地防止了相向行驶的汽车相撞。但是在夜晚或者是天气条件不好的情况下，司机就很难看到路上画的线。

1930年，在一个大雾的晚上，工程师珀西·肖驾驶汽车行驶在英国的一条小路上，他完全看不清道路上的转弯处，当汽车灯光闪过道路旁的一条沟里时，他看到了一双明晃晃的猫眼。此时，肖突然发现——猫眼竟然可以反射车灯射出的光，他敏感地意识到设置路边的反光板可以帮助司机安全驾驶。后来，他发明了猫眼反光板。现在，世界上大多数高速公路和普通公路上都安装了反光板①。

①**反光板**：一块塑料或玻璃，用于将光线反射到人眼中。

仿生科技探索

　　猫的眼睛上有一个特殊的晶状体，它能像透镜一样可以将光线反射出去。这种晶状体可以帮助猫眼在黑暗中收集更多的光源，也被称作透明绒毡层，但不是所有动物的眼睛都有这种晶状体，鸡、鸭、袋鼠和松鼠的眼睛上都没有，而猫、狗、鹿、牛、马和雪貂的眼睛上有。

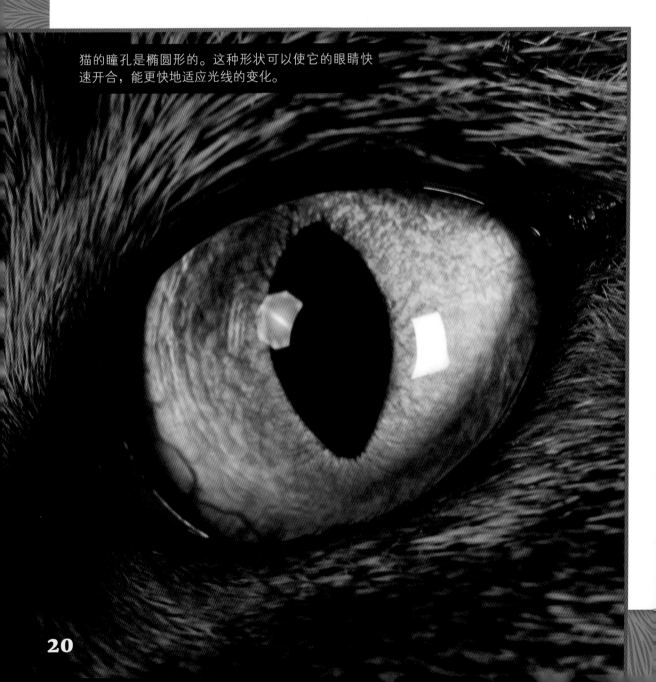

猫的瞳孔是椭圆形的。这种形状可以使它的眼睛快速开合，能更快地适应光线的变化。

道路反光板的表面上有许多小的平面和棱角，它并不是光滑的，可以反射更多的光线。

最早的道路反光板是由玻璃制成的，表面十分平滑，但非常容易破损，需要经常更换。科学家们在研究了猫眼的透明绒毡层之后，便对道路反光板进行了改进。改进后，特殊的蜂窝状①设计可以比平面的反光板反射更多的光线。现在我们看到的道路反光板都是由聚氯乙烯②制成的，制造成本大大降低。如果反光板出现破损，道路维护人员修理起来也比较容易。今天，人们仍在研究新型的反光板，工程师们希望反光板可以在大雾和暴风雪的天气条件下发挥更出色的作用。

①**蜂窝状**：像蜂窝似的多孔形状。
②**聚氯乙烯**：一种高分子材料，在建筑材料、工业制品、日用品、地板、管材、电线电缆、包装膜、密封材料等方面均有广泛应用。

仿生特点对比

工程师珀西·肖夜间与一只猫的偶遇，促使了道路反光板的发明。

硕大
猫的眼睛看起来非常大、有神。

特殊的晶状体
猫的眼睛上有一种特殊的晶状体，叫作透明绒毡层，能够反射光线。

反光
人们能够看到从透明绒毡层反射的光，这就是为什么猫的眼睛看起来似乎会发光。

醒目
人们在驾驶汽车时可以清晰地看到道路反光板。

小平面
道路反光板上有许多小平面,可以反射更多光线。

反射性
当汽车的大灯照到道路反光板上时,反光板能将光线反射回来,引起司机注意。

豪猪：
皮下注射针头

"豪猪"一词的意思就是身上长着刺的猪。

24

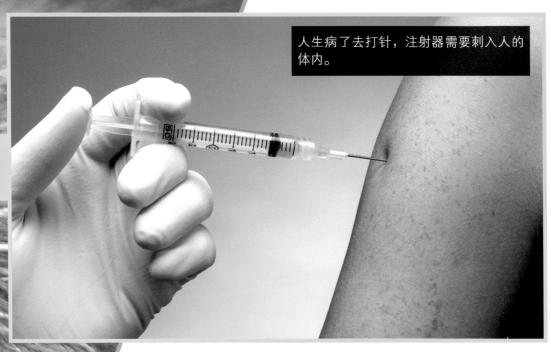

人生病了去打针，注射器需要刺入人的体内。

　　你有一个朋友生病了，发着高烧。他感到忽冷忽热，毫无胃口，无精打采，却任由病情发展。他本来应该去看医生，却不愿去，这是为什么呢？因为他害怕医生会给他打针。一想到打针，他就感到惊恐万分。尽管他知道打一针可能就好了，但他就是害怕！

　　害怕打针的人通常患有一种叫晕针症①的恐惧症②。据调查，每10个人中就有1人晕针。人们最害怕的就是打针时的疼痛感。科学家们一直在致力于解决这一问题，他们想研制无痛针。他们从哪种动物身上寻找灵感呢？答案就是豪猪。

---

①**晕针症**：对针头有强烈的恐惧感。
②**恐惧症**：对某种特定的东西有强烈的恐惧。

仿生科技探索

　　豪猪身上有3万多根刚毛[①]，每根刚毛的尖端都带有800多个细小的倒钩。当豪猪遭到攻击时，它只需要轻轻撞击或与那只动物擦身而过，它的刚毛就能轻易地刺穿捕食者[②]的皮肤。

被豪猪的刚毛扎破，可能会造成皮肤感染。

人们使用皮下注射针头抽血、注射药物、打疫苗。

研究人员一直在深入研究豪猪的刚毛，看能否从中获得启发。他们希望通过模仿这些刚毛设计出更小、更尖锐的针头。现在，他们已经发明了一种新型针头并进行了测试。这种新型针头的针尖上有细小的倒钩，可以让针头很容易地扎进皮肤，并且不会引起疼痛。但现在最大的问题是带有倒钩的针不易拔出。为了解决这个问题，医生们用可溶解材料制作了一种无痛针头。

你知道吗？
在中国，人在18岁之前大约需要接种25次疫苗。

---

① **刚毛**：坚硬的毛发。
② **捕食者**：指以捕捉其他动物（或植物）而食的动物。

仿生特点对比

　　豪猪用刚毛进行防御，研究人员则一直想模仿豪猪的刚毛，以制造出更好的皮下注射针头。

倒钩
豪猪的刚毛上带有许多细小的倒钩。

无痛
这种倒钩刺入皮肤中时，不会引起很剧烈的疼痛。

拔针
带有倒钩的刚毛扎入皮肤后，往外拔时会使被刺者非常痛苦。

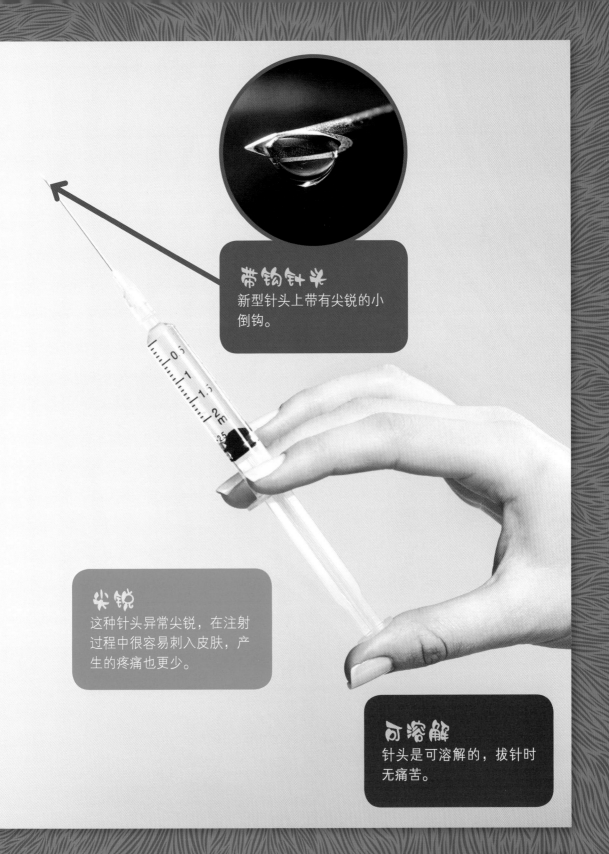

带钩针头

新型针头上带有尖锐的小倒钩。

尖锐

这种针头异常尖锐，在注射过程中很容易刺入皮肤，产生的疼痛也更少。

可溶解

针头是可溶解的，拔针时无痛苦。

骨头

建筑物

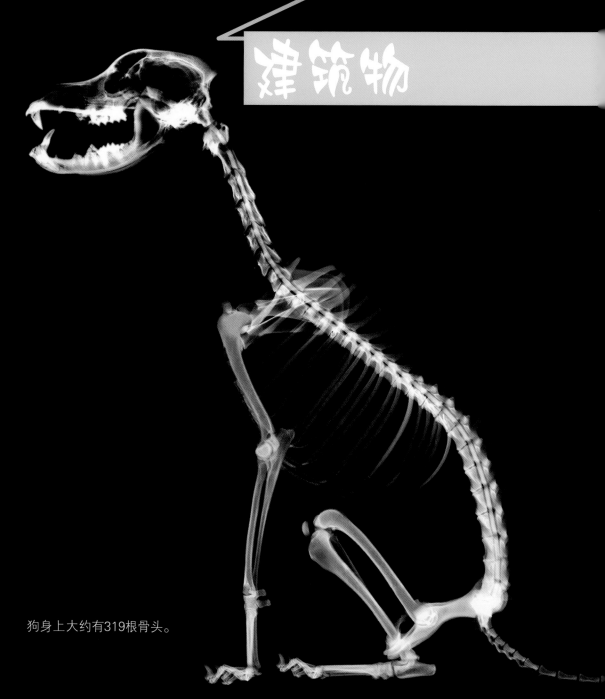

狗身上大约有319根骨头。

一座木屋可能需要500~1000块木板来搭建框架。

　　骨折可不是闹着玩的。庆幸的是，对哺乳动物来说，它们的骨头愈合得很快。哺乳动物的骨骼非常独特，它们可以承受很大的压力，从而保障自身既强壮又灵活。

　　哺乳动物的骨头并不坚固。在显微镜下，它们看起来其实更像海绵，上面有数百万个小孔。这些小孔中填充的材料像软糖一样，可以防止骨折①，骨头在身体中的独特排列方式也可以避免骨折。

　　工程师们希望制造出像动物骨骼一样的建筑材料，他们一直在研究各种哺乳动物，以达到最完美的设计。工程师们希望有一天可以用骨头一样的板材建造楼房，并按照动物体内骨骼的排列方式来搭建板材。

---

①**骨折**：指骨头断折或产生裂纹。

仿生科技探索

　　哺乳动物的骨骼由钙[①]和胶原蛋白[②]构成，这两种物质结合起来让骨骼非常完美。如果骨头只由钙构成，那它们就会不但很重，还会很容易断裂；如果它们只由胶原蛋白构成，就很容易弯曲。钙和胶原蛋白结合在一起才完美。

　　如果工程师们能成功制造出骨性建筑材料，那么用这种材料建造的建筑物就能在压力下弯曲。模仿哺乳动物骨骼结构的建筑将会非常坚固，这在地震高发区是十分有用的，因为这种建筑物会随着地震的晃动而弯曲和移动，这种材质的建筑一般不会破碎和坍塌。

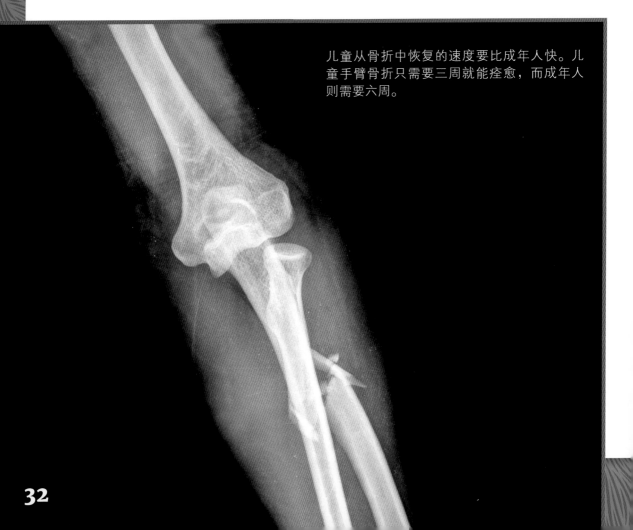

儿童从骨折中恢复的速度要比成年人快。儿童手臂骨折只需要三周就能痊愈，而成年人则需要六周。

1994年发生在美国加州的北岭地震是美国历史上损失最惨重的地震。据估计，这场地震引发的建筑物坍塌和其他损失高达400亿美元（约合人民币2560亿元）。

就像真正的骨头一样，新的建筑材料将具备自我愈合的能力。建筑物一旦产生裂缝，楼体就会立即启动一个化学反应③过程，释放出一种液体，这种液体会像胶水一样封住裂缝。

你知道吗？

人类在出生时，体内约有270块骨头。在成长的过程中，许多骨头融合在一起。成年后，人只剩下206块骨头。

①**钙：**一种存在于多种岩石以及动物的骨骼和牙齿中的基本元素。化学性质活泼，是生物体的重要组成元素，在建筑工程和医药上用途很广。
②**胶原蛋白：**一种存在于动物的皮肤、肌肉、器官和骨骼中的基本物质。
③**化学反应：**指一种以上物质经过化学变化产生新物质的过程。

仿生科技探索

工程师们在梦想着这样一个世界：所有的建筑物都由模仿动物骨骼的材料建造而成，安全又舒适。

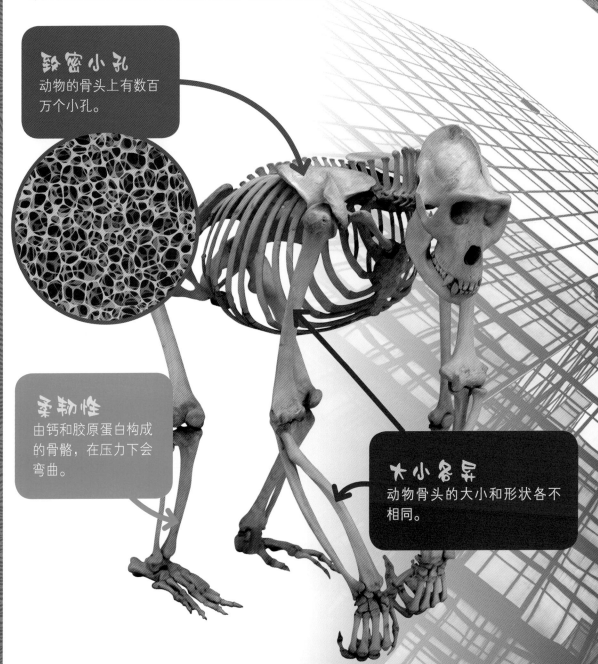

致密小孔
动物的骨头上有数百万个小孔。

柔韧性
由钙和胶原蛋白构成的骨骼，在压力下会弯曲。

大小各异
动物骨头的大小和形状各不相同。

网状结构
骨性建筑材料中有很多微小的网状结构。

弹性
建筑材料能随着地震的晃动而弯曲、变形。

多种需求
这些材料可以被塑造成任意形状，以适应不同的建筑需求。

囊鼠

大星钻机

囊鼠的洞穴直径一般有6~9厘米。

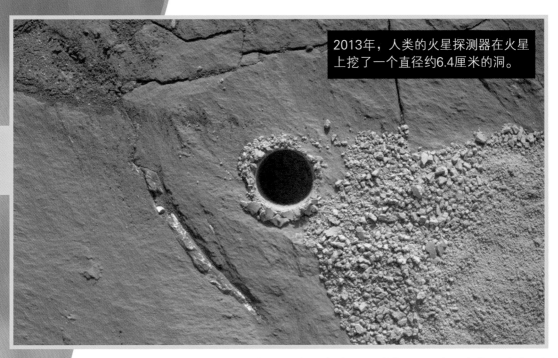
2013年，人类的火星探测器在火星上挖了一个直径约6.4厘米的洞。

我们都知道，农民种庄稼必须消灭害虫。因为如果不消灭它们，在短时间内，害虫就可以毁掉整片农田，小型动物也会对农作物造成威胁。囊鼠①就是这样的一种哺乳动物。它们会在地下挖洞，从根部吃掉植物。当农民意识到问题所在时，植物已经枯萎了。

囊鼠在动物中是非常独特的。它们不仅能挖出完美的圆洞，还能挖掘出复杂的隧道系统，并在地下建立起生活网络。囊鼠还能在坚硬的土壤和岩石中挖洞。虽然囊鼠通常被认为是有害的，但事实证明，这些强大的"挖掘专家"在仿生学方面能给我们很多有益的启示。

科学家们已经把探测器②送上了火星，现在他们正在研究火星的成分。为了完成研究，科学家们需要钻透岩石，然而这并非易事。为了完成这项任务，工程师们与生物学家们开始合作研究囊鼠。

①**囊鼠：**因身上长有颊囊而名囊鼠。主要生活于北美洲和中美洲，四肢短小，非常喜欢打洞。
②**探测器：**观察、记录各种自然现象或数据的装置。

仿生科技探索

　　囊鼠的门牙很大，挖掘时，它们使用门牙松动泥土和岩石。囊鼠的牙齿与人类的牙齿不同，它们一直处于生长状态。囊鼠的爪子坚硬、锋利。它们使用前臂上强有力的肌肉进行挖掘，利用后腿踢开路上的泥土。这些特性使囊鼠成为高效的挖掘机器。

　　科学家模仿囊鼠设计了一种新型钻头。这种钻头①由一个小而有力的马达驱动，钻头模仿了囊鼠的牙齿和爪子。一般的钻头都需要有单独的机器来清除泥土，但是这个模仿囊鼠的钻头可以在旋转时自动收集并清理泥土，科学家将其称为机器囊鼠。他们希望未来能把它送到火星、木星和土星上。

囊鼠挖掘的隧道覆盖面积通常可达186平方米，相当于人类的一所大房子！

送往火星的所有航天设备和工具，都在地球上经过了多次的设计、制造和测试。

①**钻头**：用来切割或钻孔的工具的尖端部分。

你知道吗？
2021年5月15日，中国"天问一号"的火星车"祝融号"着陆在火星表面。

仿生特点对比

囊鼠在地球上挖了大量的隧道，而人类发明的新型钻头也将以相似的方式在火星上钻孔。

协作

囊鼠强壮的前臂和后腿一起工作，能在挖掘的同时清除泥土。

持续生长

囊鼠的门牙一直处于生长状态，即使磨破了，也会迅速恢复原样。

结构复杂

囊鼠可以在复杂的地洞中挖出数千米的隧道。

持久使用
机器囊鼠的钻头由坚固的金属制成，不易磨损。

效率
钻头打洞时，可以快速挖开并清除泥土，保持高效率的工作。

深度
机器囊鼠比地球上用来挖井的钻头挖得还要深。

陆地动物与未来科技

科学家和工程师对模仿陆地动物而研发新技术感到兴奋不已。

在未来，科学家也许会利用仿生科技来解决在其他星球上遇到的问题。

　　仿生科技是一个不断发展的产业。预计到2025年，它的产值将超过3000亿美元（约合人民币19200亿元）。不久的将来，仿生科技领域会创造成千上万个就业机会，许多相关的工作可能与现在有所变化，也可能完全不同。

　　如今，摩天大楼①和普通民居都是由混凝土和钢材建造而成的。或许有一天，建筑师会用骨头一样的材料建造房屋，一种新型的轻薄织物可以让人们在地球上最寒冷的地方感到温暖，未来的探险者不必再穿着笨重的衣服，医生可以用无痛针头给病人打针，在火星上将会有成千上万个用机器囊鼠挖掘的隧道，内部将会铺有人类最新研制的道路反光板。

　　天空是人类探索自然的神秘领域，仿生科技在未来将充满机遇。未来如果遇到需要解决的问题，我们不妨将目光投向大自然。

①**摩天大楼**：非常高的大厦，通常指高300米以上的建筑。

一起探索

在黑暗中前行

正因为眼睛有独特的结构，猫和其他动物才能够自由地穿梭在黑暗中。人类没有这种特殊的结构，但在黑暗中，人的瞳孔会变大，以让更多的光线进入视野，这可以让人在黑暗中更容易行走，只是人的速度无法像猫一样快。以下这个实验，可以帮助你探索如何在黑暗中前行。

活动所需：

- 12名同学，1个大人
- 眼罩若干
- 关灯后完全黑暗的房间
- 柔软障碍物
- 秒表
- 纸和笔

活动步骤：

1. 把同学们分为3组，以小组为单位，设计一个大型的障碍跑道或迷宫。注意，一定要设计一些让人意想不到的弯道。

2. 记录每个人在亮光下通过障碍的时间。

3. 关灯后再次测试每个人通过障碍的时间。确保每个人在黑暗中都完成活动后再开灯。

4. 比较两次活动完成的时间。思考：人能在黑暗中完成活动吗？讨论一下是什么让这项活动具有挑战性。

5. 所有人都给自己的一只眼睛戴上眼罩，停留15分钟。

6. 再次关灯，让每个人都将眼罩换到另一只眼睛上，再次进行活动。在所有参与者完成活动前不要开灯。

7. 再次记录时间和挑战。开灯并讨论结果。思考：是戴眼罩容易完成活动还是不戴眼罩容易？为什么？让一只眼睛适应黑暗环境是否有助于缩短参与者完成活动的时间？

词汇表

产卵：指动物产下卵而生。卵生哺乳动物通常是一些古老的物种，如鸭嘴兽。

疫苗：一种保护人们免受疾病侵害的药物，使机体产生免疫力的病毒、立克次体等的药剂。

苍耳：一种草本植物，果实长卵形，有钩刺。有圆形、尖尖的豆荚，里面有种子。

涤纶：一种合成纤维，常用于制衣服、绳子等，强度高，弹性大。

零下：温度低于0 ℃。

隔热能力：隔绝热量散发的能力。

调节：从数量或程度上控制，使其符合要求。

反光板：一块塑料或玻璃，用于将光线反射到人眼中。

蜂窝状：像蜂窝似的多孔形状。

聚氯乙烯：一种高分子材料，在建筑材料、工业制品、日用品、地板、管材、电线电缆、包装膜、密封材料等方面均有广泛应用。

晕针症：对针头有强烈的恐惧感。

恐惧症：对某种特定的东西有强烈的恐惧。

刚毛：坚硬的毛发。

捕食者：指以捕捉其他动物（或植物）而食的动物。

骨折：指骨头断折或产生裂纹。

钙：一种存在于多种岩石以及动物的骨骼和牙齿中的基本元素。化学性质活泼，是生物体的重要组成元素，在建筑工程和医药上用途很广。

胶原蛋白：一种存在于动物的皮肤、肌肉、器官和骨骼中的基本物质。

化学反应：指一种以上物质经过化学变化产生新物质的过程。

囊鼠：因身上长有颊囊而名囊鼠。主要生活于北美洲和中美洲，四肢短小，非常喜欢打洞。

探测器：观察、记录各种自然现象或数据的装置。

钻头：用来切割或钻孔的工具的尖端部分。

摩天大楼：非常高的大厦，通常指高300米以上的建筑。

致读者

亲爱的读者朋友：

阅读完本书，您的收获大吗？本书所介绍的仿生科技是一种热门、前沿技术，也是一个充满趣味性和神秘色彩的技术。之所以我们推荐给孩子尤其是广大中小学生阅读这本书，是因为阅读本书不但可以认识功能各异的动物，更能够了解最新的前沿科技，体验科学发现之旅，从而让孩子更加热爱科学。

纯粹的科学知识大都是枯燥无味的，但科学发现的过程却充满趣味和挑战。所以，我们不满足于给孩子灌输具体的科学知识，更希望把科学探索的方法和过程告诉给孩子，让孩子明白科学探索的过程原来如此简单、如此有趣。有了这个认识基础，孩子就有了学习科学的自信，就会不自觉地观察自然，探索神秘世界。

"每个孩子都可能成为爱因斯坦"，人类潜能开发大师这样说。

我们也相信，每个孩子都有无尽的潜能，都有成为科学大师的可能。家长和社会应该做的，就是要给孩子传授科学的理念和知识，启发他们进入正确的科学之门。如果本书能起到一点这样的作用，那我们的愿望也就实现了。我们愿意在"润物细无声"中，给广大焦虑的家长带来一个解决方案，承担一份应有的社会责任。

　　当然，认识科学靠一两本书是远远不够的，需要建立在大量的阅读基础之上。您还想让孩子阅读哪方面的科技图书，欢迎来信或来电告诉我们，我们将在青少年科普方面继续努力。

讲给孩子的
仿生科技

海洋动物
与仿生

（美）泰莎·米勒/著

郭平/译

河南科学技术出版社

·郑州·

Flippers & Fins
Animal Tech

备案号：豫著许可备字-2021-A-0107

图书在版编目（CIP）数据

讲给孩子的仿生科技/（美）泰莎·米勒著；郭平译. —郑州：河南科学技术出版社，2021.9
ISBN 978-7-5725-0558-4

Ⅰ.①讲… Ⅱ.①泰… ②郭… Ⅲ.①仿生－青少年读物 Ⅳ.①Q811-49

中国版本图书馆CIP数据核字（2021）第176242号

出版发行：河南科学技术出版社
　　　　　地址：郑州市郑东新区祥盛街27号　　邮编：450016
　　　　　电话：（0371）65788630
　　　　　网址：www.hnstp.cn
策划编辑：李振方
责任编辑：李振方
责任校对：黄亚萍
封面设计：李　娟
责任印制：张艳芳
印　　刷：河南博雅彩印有限公司
经　　销：全国新华书店
开　　本：787 mm ×1092 mm　1/16　印张：12　字数：150千字
版　　次：2021年9月第1版　　2021年9月第1次印刷
定　　价：98.00元（共4册）

如发现印、装质量问题，影响阅读，请与出版社联系并调换。

目 录

海豚是地球上最聪明的动物
之一。

未来的潜艇在外形上可能会像某些海洋动物一样，比如鳐鱼。

简　介

　　海洋世界神秘无比。科学家们认为，有大约95%的海洋尚未被开发，人类每天都在发现新的动物和植物。有的海洋动物小如一粒沙砾①，有的大到成为地球上最大的动物。许多海洋生物都有着特殊的技能，这些技能有助于它们在深海中生存和繁衍②。通过研究这些动物，人们可以学到很多东西。

　　大自然经常会给科学家和工程师新的启示，他们可以利用这些启示来解决问题，提高科技水平，这就是我们所说的"仿生"，"仿"的意思是模仿他物，"生"的意思是生命。几百年来，人们一直在模仿水下生物，如今依旧在模仿。从16世纪的船只到现代的军事服装，人类很多有趣的技术都受到了动物的启发。

①**沙砾**：极小的沙粒或石块。
②**繁衍**：形容物种慢慢增加。

鱼类

大帆船

鲭鱼是一种海鱼，通常成群结队在大海中游弋。一个鲭鱼群可以绵延数千米，里面有成千上万条鲭鱼。

16世纪，一艘西班牙大帆船通常需要80多名船员共同协作才能顺利起航。

几百年前，人们没有现代的出行方式，无法驾驶汽车，也不能乘坐飞机，但是可以乘坐帆船。14~15世纪时，船只航行起来非常缓慢。大型的航船要花几个月的时间才能横渡大西洋。从西班牙到巴哈马①的往返旅行可能需要16个月。

这些船只体形庞大，船体沉重，行进起来十分缓慢。大帆船的船舱又宽又深，可以运载大量货物，但由于速度太慢，它们很容易成为海盗袭击的目标。同时，由于运输时间太长，它们无法运输容易变质的食品。

人们渴望更快地横渡大西洋，造船商们也一直致力于制造更好更快的船只。他们必须想出一个更好的设计方案。到了16世纪，他们从海洋中快速游动的鱼类身上获取了灵感，从而促使快速航行的利器——西班牙大帆船诞生。

①**巴哈马**：位于大西洋西岸的岛国，距离西班牙约6500千米。

仿生科技探索

造船商研究了不同鱼类的体形。他们将目光放在了一种叫作鲭鱼的鱼身上。鲭鱼游动快速而精准，身体形似梭子，头又大又圆，尾巴细长。造船商意识到这种鱼的体形可能适用于船只，于是他们开始设计一种全新的船只。造船商将船身打造得像鲭鱼一样，他们还研究了生活在珊瑚礁①中的鱼，这些鱼的鼻子很尖。他们给船只设计了一个很尖的船头。经过一番努力，造船商终于造出了一艘既狭长，又能像鲭鱼一样行驶得非常快的船，其尖锐的船头能够帮助船只在水面上平稳地驶过。这种新型船只被称为西班牙大帆船，也可用作武装船只。

鲭鱼营养价值很高，是世界各地人们的重要食物来源。

地理大发现（约1450—1650年）时代不仅是一个探索世界的时代，也是一个殖民战争的时代。在那个时代，大帆船的作用举足轻重。

西班牙大帆船经过一番改造之后，便成为当时世界上行驶速度最快的船只。它既轻巧又快捷，可用于保护速度较慢的货船，使货船免受海盗的袭击。到了16世纪末，人们使用大帆船来运输货物，它可以快速往返于欧洲和南美洲之间。航运的时间得以大大缩短，甚至能将容易腐败的水果和蔬菜运送到更远的地方。由此，许多欧洲人第一次尝到了诸如西红柿之类的新奇农产品。

你知道吗？

鲭鱼的游动速度可达11千米/时，而奥运会游泳冠军迈克尔·菲尔普斯最快的游泳速度仅有9.7千米/时。

①**珊瑚礁：** 在洋面附近由岩石、沙或珊瑚堆积而成的礁石。

仿生特点对比

15世纪，造船商在进行大帆船的设计时，从鲭鱼独特的体形上获得了许多灵感。

鱼鳍

鲭鱼的鳍分布在身体的上、下两侧，这让它们能够迅速而轻松地游动、转身。

鱼鼻

尖尖的鼻子有助于提高鱼在水中游动的速度。

体形

鲭鱼身体细长，就像一枚鱼雷，这可以让它们快速游动。

船帆
大帆船上装配有许多船帆，这使其具有非常强的机动性。

船头
大帆船尖尖的船头可助其劈风破浪，快速航行。

船型
大帆船又长又窄，同其他船只比起来，更像一条鱼。

乌贼电路

乌贼的眼睛和大脑构造十分复杂，这让它们成为优秀的猎手。

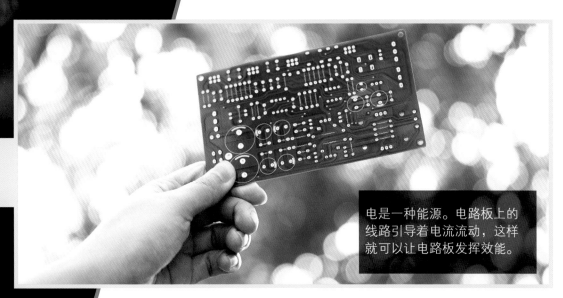

电是一种能源。电路板上的线路引导着电流流动，这样就可以让电路板发挥效能。

在生活和工作中，人们离不开指示灯。指示灯的亮与灭可显示出机器的运行状态。例如，指示灯可提醒人们电池是否在正常充电。但是，如果灯不亮了呢？如果电池没电了，而指示灯又不正常显示了，该怎么办？如果指示灯出现一闪一闪的情况又该怎么办呢？

出现这些情况的原因有两个：一是电流的信号较弱，从而导致通电或断电时指示灯不能正常显示；二是电流受到的干扰太多，致使电流来回波动，从而导致指示灯不断闪烁。这些问题会给那些使用机器来进行工作的人带来很大的不便。

奥托·施密特一直在关注指示灯失灵的问题。20世纪30年代，当施密特还是一名学生的时候，他就开始研究电路[1]了。他想设计出一种新的电路元件，并希望其能成为一个性能良好的开关按钮。首先，他需要找到一个具有良好开关的电气系统，然后探究其工作原理。于是，施密特开始观察自然。他发现了一种体内带有复杂电气系统的动物——乌贼。

[1]**电路**：一种由电源、用电器、导线、电器元件等按一定顺序连接而成的电流通路。

仿生科技探索

动物的神经系统①都异常复杂。在神经系统的构造中，有一部分是轴突。轴突的作用就像线或者电缆一样，它们可传递全身的电信号，轴突还起着信号开关按钮的作用。乌贼的轴突很大，这降低了对它们的研究难度。

神经系统可能会出现与前文中指示灯可能出现的相同问题：电信号可能传递得太慢，或者受到太多的干扰。为了解决这些问题，乌贼的轴突通过设置阈值②来进行限制。最开始，乌贼的大脑会向触手发出信号，也就是让触手动起来的命令信息。信号会通过轴突进行传递，在信号累积起来后，达到一定阈值，就像一个开关，触发③了响应，触手也就动起来了。

人体神经系统的传播速度可达320千米/时。

每个手机内部都有一个电路板，从而保证了手机的所有功能都能够正常运行。

施密特对乌贼的轴突进行了细致研究。他根据它们的神经系统阈值的工作原理，发明了一种新的电路元件，即施密特触发器。就像乌贼的轴突一样，它设有一个阈值，能够根据实际情况运作，并且有降噪的功能。今天，施密特触发器已经被数以百万计的机器和电子产品使用。

你知道吗？

人们有时候会把乌贼误认为是章鱼。乌贼的头呈三角形，有两个鳍，而章鱼的头呈圆形，没有鳍。相同的是，它们的血都是蓝色的。

①**神经系统：**指身体中由神经元组成的系统，通过引导身体中的电流来控制行动和感觉。
②**阈值：**指界限或范围，能产生某种效应的数值。
③**触发：**因受到触动而开始运作。

仿生特点对比

奥托·施密特把对乌贼的研究成果运用到了日常生活中。

神经系统
乌贼的神经系统控制着体内的电流。

阈值
当乌贼轴突中的能量超过阈值时，就会引起反应，从而控制全身的运动。

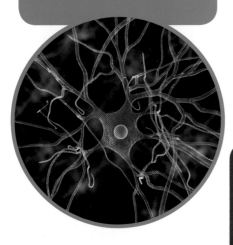

解决方案
乌贼的轴突是一个很好的开关，并且能够控制干扰因素。这让乌贼的身体可以快速响应大脑发出的信号。

电气系统

电缆、电路和电线都传输着计算机所用的电流。

触发器

施密特触发器为电信号设置了一定的阈值。当电流越过这个阈值时，就会激起反应。

改良

施密特触发器对电路进行了改良，使其不仅可以降噪，还能够充当重要电信号的开关。

鲸鱼

风力发电机

一头成年座头鲸每天要吃掉数吨食物，以提供其生存所需的能量。

风力发电机能够捕获风能并将其转化为电能，一台风力发电机可以为大约500户家庭供电。

微风轻轻吹过，它拂过田野和山丘时，风力会不断加大。它本来是一阵轻风，后来能发展到像火车一样迅速，后来，风吹到了风力发电厂，吹过高耸的风力发电机。风力发电机的叶片转动起来，捕获到了风的能量，并将其转化为电能。

这些电力将给家庭、办公等供电。据统计，全球约有4%的电能来源于风力发电。科学家希望到2030年这一比例能提高到20%。要想实现这一目标，我们就必须提高风力发电的效率①。

答案可能已经找到了——不在空中，而在水中。一位名叫弗兰克·菲什的科学家发现，座头鲸鳍状肢的工作原理和风力发电机的叶片类似。鳍状肢上有叫作结节的凸块，这些凸块可以帮助座头鲸的鳍状肢有效发挥作用。

①**效率**：单位时间内完成的工作量。

仿生科技探索

　　座头鲸在急转弯时，鳍会垂直向下，这样，水会在鳍状肢上形成漩涡，由此便产生了阻力①，从而减缓鲸鱼的速度。许多大型鲸鱼的鳍状肢上都有结节，水流过鳍状肢时，结节会在漩涡形成之前就将其打散，鳍的周围没有了漩涡就会使水的阻力更小。如此一来，鲸鱼就能够平稳地在海里游动了。如果没有结节，大型鲸鱼就难以进行急速转弯。

座头鲸的前鳍、前额、鼻子和下巴上都有结节。

一个标准的风力发电机叶片的长度大约是座头鲸鳍的10倍。

弗兰克·菲什发现，这种结节在空气中运作也十分高效。工程师们把结节装在风扇叶片上，用于家庭和企业的小型风扇，也用于风力发电机。叶片上的结节有助于它们在风力较小的情况下旋转，如此一来，效率就大幅提高了。叶片也可以设计得很小，但它们的效果和大叶片一样，这样，制造小叶片也就节省了资金，也意味着风力发电机可以运用在许多地方，甚至城市中。

你知道吗？

捕猎的时候，座头鲸会围着一个鱼群快速打转，同时吹出许多小气泡。这些气泡可以作为捕捉鱼的"网"。时机成熟时，座头鲸会将它们一口吞下。

①**阻力**：阻碍物体运动的力。

仿生特点对比

结节能够帮助座头鲸在水中快速游动，也能让风扇叶片飞速转动。

结节
鳍状肢前缘的结节可以有效减小阻力。

体形
座头鲸体形庞大，能在广阔的海域中游动。

滑行
鳍状肢的形状类似鸟的翅膀，这有助于它们在水中滑行。

长度

风力发电机的叶片像波音747飞机一样长，能够带动大量空气转动。

脊状纹路

新型叶片前方有嵌入式、呈脊状的纹路，这样就大大提高了转动效率。

转动

风扇叶片的形状类似机翼，这能帮助它在空气中快速转动。

鲨鱼

泳衣

大白鲨是一种需要不断地游动以保持呼吸的鲨鱼。

对于游泳运动员来说，每天游泳两三个小时是很正常的。

哨声响起，一排游泳运动员跳入水中，其中的一名运动员穿着一套闪亮的灰色泳衣。每一位运动员都是非常有实力的竞争者，他们旗鼓相当，难分胜负。最后，那位身穿灰色泳衣的运动员遥遥领先，她已经游到了最后一圈，终于率先触壁①。她比第二名游泳运动员领先了几秒，获得了金牌。

她的泳衣有什么特别之处吗？她比竞争对手有哪些优势呢？她穿的这套泳衣和鲨鱼的皮肤类似，可使她游得更快。

鲨鱼是海洋中的顶级掠食者②。为了捕食，它们必须游得飞快，鲨鱼的游动速度比人类最快的游泳速度还要快十倍。泳衣设计师们一直在寻求改进泳衣的方法，他们想通过研究鲨鱼来设计一种新型泳衣。

①**触壁**：游泳比赛中的专业术语，即接触池边。
②**掠食者**：猎杀或吃其他动物的动物。

仿生科技探索

鲨鱼的皮肤非常独特，它的鳞片的形状像一个个尖牙，前面圆，后面尖，呈微小的脊状突起，被称为小齿，小齿就像鸟的羽毛一样，它们彼此之间只有一点重叠。这种独特的表皮，使鲨鱼能够飞快游动。

研究发现，小齿的作用就像鲸鱼鳍状肢上的结节。海水会沿着鲨鱼的身体形成漩涡，当鲨鱼游动时，小齿将密集的水流分开，从而减小阻力，阻力减小意味着鲨鱼可以游得又快又稳。

鲨鱼的鳞片和鱼鳞不同，它们更像是一颗颗小牙齿。

仿鲨鱼皮材料的泳衣都非常昂贵。

研究人员根据鲨鱼皮肤的这些特点制造了一种新型泳衣，他们称它为"鲨鱼皮泳衣"。鲨鱼皮泳衣面料紧实，富有弹性。因其表面有小齿，可减小高达4%的阻力，这在分秒必争的竞赛中，意义重大。

研究人员也在研究鲨鱼皮的另一种用途，他们计划制造一种可以涂在飞机和轮船外部的材料。这样，飞机飞行时会更符合空气动力原理①，飞得更快；轮船的航行也更符合流体动力原理②，速度也更快。这也意味着，拥有这种特殊的涂层可以节省大量的燃料，降低成本，减少碳排放，从而更加环保。

①**空气动力原理**：物理学中的重要理论。主要研究飞机、导弹等在各种飞行条件下速度、压力等的变化规律。
②**流体动力原理**：物理学中的重要理论。主要研究物体在液体中运行和受力规律。

仿生特点对比

鲁鱼是深海中的顶级猎手。人们仿照鲨鱼皮设计出高性能泳衣，是希望游得像鲨鱼一样快。

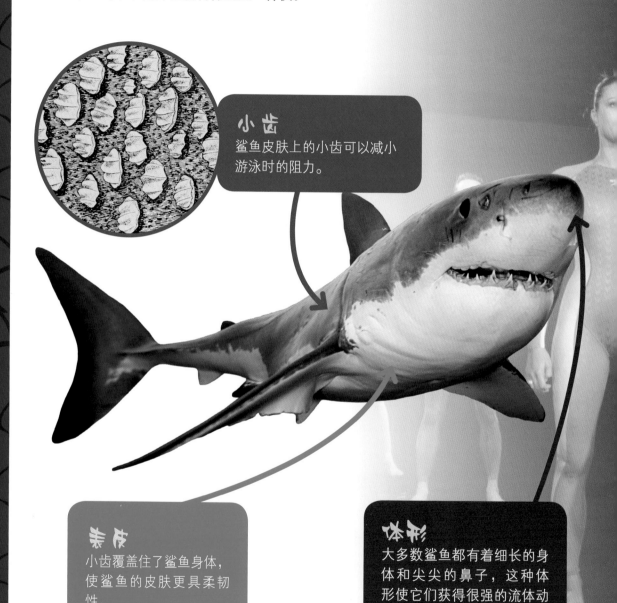

小齿
鲨鱼皮肤上的小齿可以减小游泳时的阻力。

表皮
小齿覆盖住了鲨鱼身体，使鲨鱼的皮肤更具柔韧性。

体形
大多数鲨鱼都有着细长的身体和尖尖的鼻子，这种体形使它们获得很强的流体动力。

面料
鲨鱼皮泳衣上有着形如鲨鱼皮肤上的小齿。

尺寸
仿制的鲨鱼皮材料使泳衣更具柔韧性，它能与游泳者的身体完美契合。

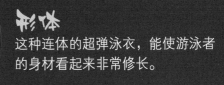

形体
这种连体的超弹泳衣，能使游泳者的身材看起来非常修长。

海豚

海啸传感器

暴风雨来临时，海豚和其他大型海洋生物会下潜到深水中。

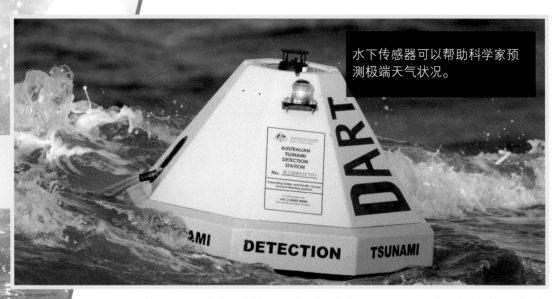

水下传感器可以帮助科学家预测极端天气状况。

　　没有人能感知到海洋深处地震诱发的隆隆响声，但地震引发的海啸①很快就会席卷陆地，摧毁途经的一切。

　　科学家们正在研究能够精准预测地震和海啸的方法。海洋中遍布着数以百计的海啸传感器②，它们与浮标相连。浮标是一种色彩鲜艳的物体，它们漂浮在水面上以标记水域。一些浮标标记着危险的水域，但这不是浮标的全部功能。当地震发生时，海洋中的传感器向浮标上的计算机发送信号，接着信号传到卫星③上，随后连接到陆地上的计算机，最后科学家们再去研究这些信号。这一过程需要很长时间，有时候一个信号就能让人冥思苦想，百思不得其解。

　　科学家们想改进这项技术，他们研究了海豚之间是如何交流的。海豚能够在水中发出许多声音，这些声音可以在短时间内远距离传播。

---

①**海啸**：来自海洋的巨浪，当它到达陆地时引起海水剧烈波动。海啸发生时，会使海水冲上陆地，带来巨大灾难。
②**传感器**：将速度、温度、光等以电量或其他形式传递的设备。
③**卫星**：绕地球轨道运行的人造物体，用于发送数据信号。

仿生科技探索

海豚的交流方式非常特殊。它们有很多种发声方法，可以使用多种频率①发出不同的声音，就像同时在几个电台播放同一首歌，如果其中一个电台受到干扰，那么你就可以换另一个电台继续听这首歌。海洋是一个十分嘈杂的地方，在这个嘈杂的环境中，海豚并不是时刻都能听到彼此的声音。此时，它们在不同的频率上切换，以保持彼此交流。这样，哪怕处于波涛汹涌的环境，海豚也可以保持不间断的交流。

德国的一个研究小组对海豚进行了为期八年的研究，他们想看看人类能否模仿海豚的交流方式。他们使用类似海豚的声音，制造了一种新型的传感器。当地震发生时，它会通过多重频率发送信号，该传感器正在印度洋某处进行测试。这种新技术似乎发出了非常清晰的信号，未来，科学家可以更快地预测海啸一类的极端天气情况，从而留给人们更多的撤离时间，挽救更多的生命。

人们已建立了遍布全球的海啸预警系统。

①**频率**：单位时间内物体振动的次数，例如声波的振动。

海豚也会通过触鳍、吹泡泡、移动下颚来进行交流互动。

仿生特点对比

人们通过模仿海豚的叫声，并采用多种方式来优化海啸预警系统。

多种频率
海豚使用不同频率的声音来相互交流。

传播距离
海豚的声音可以在水下传播25千米。

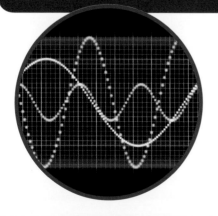

声音清晰
即使在波涛汹涌的环境中，海豚的叫声也不会与其他声音相混淆。

多种频率
新的传感器可以使用多种频率来发送信号，并与卫星通信。

易于识读
发出的信号十分清晰，容易被人们理解。

传播范围
信号在海底可传播长达18千米。

章鱼

迷彩服

章鱼、乌贼等属于头足类动物，是没有骨头的。它们的身体可以展得很平，可以轻松地穿过狭小的空间。

从近处看，伪装可能让人感到非常奇怪。但从远处看，它可以让伪装者与岩石、阴影或植物融为一体。

　　一条橙红相间的章鱼游过平静的水域，停在海底。它伸出八只触手，每一只都在沙子里挖取食物。就在它的一只触手找到蛤蜊时，这只章鱼突然僵住了。它的上面，有只黑影在水中游动。章鱼缓慢地收回触手，同时它皮肤的颜色也开始改变。不大一会儿，章鱼的颜色与周围棕色和灰色的沙砾几乎融为一体。那只黑影——一只海豹，毫无察觉地离开了。伪装①使章鱼免于成为海豹的美餐。

　　为了生存，头足类动物总是神神秘秘的，包括章鱼、鱿鱼和乌贼在内的海洋动物往往头部较大，触手很长。它们大都拥有一项特殊的本领，即可以通过改变自身颜色来适应环境——这使它们可以藏在几乎任何地方。伪装会让头足类动物融入岩石或者珊瑚而不被发现。除了它们，地球上还有其他动物善于伪装，绿色的昆虫看起来像片树叶，海底的鱼类也可与沙子融为一体，但是只有少数几种动物能在移动中变换颜色。

①**伪装**：为不让人看到自己的真实面目而进行的打扮或变化。

仿生科技探索

头足类动物有三层皮肤，每一层都有不同颜色的色素①，而在皮肤之下是一层肌肉。正是这层肌肉起到了触发器的作用，可以改变皮肤的颜色。

研究人员正在研发一种新型织物，这种织物可以像头足类动物的皮肤一样改变颜色。近期，研究人员制造出了一种可以由黑变白的三层织物。第一层由微型光传感器组成，第二层装有小型马达，最后一层则由彩色胶囊②组成。传感器先感知周围环境中的颜色变化，随后马达启动，触发彩色胶囊从黑色变为白色，这是制作变色织物至关重要的一步。

乌贼通过伪装来躲避海豚等捕食者，也可以通过改变自身的颜色与其他乌贼进行交流。

迷彩服可以在很大程度上避免士兵和他们的装备受到敌人攻击。

科学家们一直致力于改进伪装技术，他们想要制造一种可以变幻任意颜色的织物，用这种布料给士兵设计迷彩服。另外，汽车设计师想将这项技术运用到汽车油漆的生产中。在紧急情况下，救护车和警车可以变成更容易被其他司机注意到的亮色。

你知道吗？

一战期间（1914—1918年），人们在部分船只上涂上像斑马皮肤一样的条纹。斑马皮肤上的条纹可以起到模糊或者分散斑马体形轮廓的作用，从而使它们不被捕食者发现。同样，这些条纹也可以帮助船只隐藏，从而避开敌人。

①**色素**：一种可以改变物体颜色的物质。
②**胶囊**：通常为圆形或圆柱形的小容器。

仿生特点对比

许多动物都能通过变色来进行伪装，仿生学的出现，使科学家进行了关于伪装的大量研究。

颜色变幻
头足类动物有三层变色皮肤。

特殊肌肉
皮肤下的肌肉可以使皮肤的颜色发生变化。

实际运用
头足类动物通过改变颜色使自己融入环境，甚至可以隐藏在大庭广众之下而不被发现。

颜色改变

科学家们已经研发出了可以由黑变白的织物。

动力触发

织物中的小马达触发彩色胶囊改变颜色。

发展前景

或许在未来某一天，人们可以利用这种织物来制作服装。服装的颜色会随着环境的变化而变化。

海洋动物与未来科技

人们根据鲸鱼的进食方式研发出了新的净水过滤器，这是对座头鲸和蓝鲸进食方式的一种模仿。

很多国家都在研究和运用仿生学，很多战舰的设计灵感即来自于海洋动物。

人类在海洋中已发现了成千上万种生物，还有更多未知生物等待着我们去发现。科学家每天都能从大海中获得新的灵感，而正是这些灵感引领着科技步入新的轨道。

在很长一段时间里，人们都没有意识到海豚所拥有的智慧。而现在，研究人员已经了解到了它们之间是如何交流的。科学家通过模仿海豚不同频率的声音来制造更好的海啸传感器。许多生物学家也在研究海豚之间的交流方式，他们希望未来可以使用这些声音来与海豚进行对话。

从前，人们通过模仿鱼类，采用仿生技术制造出了速度很快的大帆船。现在，造船商们正在研制新型潜艇，这种潜艇将不再使用螺旋桨①，而是使用类似鳍状肢的设备，以使它们能够像鲸鱼一样快速游动。

未来，人们将继续从海洋中获取新的灵感，下一秒永远充满了未知与惊喜。

①螺旋桨：使飞机或轮船前进的一种动力设备，由桨叶和桨毂组成。

一起探索

制作有趣的迷彩服

你是否想过，为什么有些动物可以在众目睽睽之下藏起来呢？事实上，许多动物都是靠伪装来实现这种效果的。在本次探索活动中，你可以设计自己的迷彩服。

活动所需:

- 小伙伴若干
- 一件很大的衣服
- 彩色笔或颜料
- 胶水
- 与日常物品色彩接近的其他材料,如飘带、绉纸、报纸等
- 剪刀
- 纸和铅笔

活动步骤:

1. 把小伙伴分成若干小组,给每一个小组分配一片特殊区域作为进行伪装的场地,该区域可以是草地、树林、灌木丛或山坡等。

2. 和你的小组成员一起仔细观察你所在的区域,将你看到的所有颜色以及物体不同的形状、纹理列在纸上。

3. 画出你想要的衣服样式草图,并检查一下你所列出的颜色、形状和纹理。

4. 制作迷彩服。将准备好的材料剪出合适的形状,再粘在一件很大的衣服上。你还可以使用彩色笔或颜料在衣服上绘出周边环境中的颜色和形状。

5. 当衣服制作完成后(如果使用了颜料,记得要将它晾干),试穿一下。每个小组选择一位小组成员穿上并藏在相应的环境中,其他小组的成员试着去寻找他。

6. 最后思考:是什么因素让我们很难找到伪装者?又是什么因素可以让我们轻易地找到他们?怎样做才能让迷彩服的伪装效果更好?

词汇表

沙砾：极小的沙粒或石块。

繁衍：形容物种慢慢增加。

巴哈马：位于大西洋西岸的岛国，距离西班牙约6500千米。

珊瑚礁：在洋面附近由岩石、沙或珊瑚堆积而成的礁石。

电路：一种由电源、用电器、导线、电器元件等按一定顺序连接而成的电流通路。

神经系统：指身体中由神经元组成的系统，通过引导身体中的电流来控制行动和感觉。

阈值：指界限或范围，能产生某种效应的数值。

触发：因受到触动而开始运作。

效率：单位时间内完成的工作量。

阻力：阻碍物体运动的力。

触壁：游泳比赛中的专业术语，即接触池边。

掠食者：猎杀或吃其他动物的动物。

空气动力原理：物理学中的重要理论。主要研究飞机、导弹等在各种飞行条件下速度、压力等的变化规律。

流体动力原理：物理学中的重要理论。主要研究物体在液体中运行和受力规律。

海啸：来自海洋的巨浪，当它到达陆地时引起海水剧烈波动。海啸发生时，会使海水冲上陆地，带来巨大灾难。

传感器：将速度、温度、光等以电量或其他形式传递的设备。

卫星：绕地球轨道运行的人造物体，用于发送数据信号。

频率：单位时间内物体振动的次数，例如声波的振动。

伪装：为不让人看到自己的真实面目而进行的打扮或变化。

色素：一种可以改变物体颜色的物质。

胶囊：通常为圆形或圆柱形的小容器。

螺旋桨：使飞机或轮船前进的一种动力设备，由桨叶和桨毂组成。

致读者

亲爱的读者朋友：

阅读完本书，您的收获大吗？本书所介绍的仿生科技是一种热门、前沿技术，也是一个充满趣味性和神秘色彩的技术。之所以我们推荐给孩子尤其是广大中小学生阅读这本书，是因为阅读本书不但可以认识功能各异的动物，更能够了解最新的前沿科技，体验科学发现之旅，从而让孩子更加热爱科学。

纯粹的科学知识大都是枯燥无味的，但科学发现的过程却充满趣味和挑战。所以，我们不满足于给孩子灌输具体的科学知识，更希望把科学探索的方法和过程告诉给孩子，让孩子明白科学探索的过程原来如此简单、如此有趣。有了这个认识基础，孩子就有了学习科学的自信，就会不自觉地观察自然，探索神秘世界。

"每个孩子都可能成为爱因斯坦"，人类潜能开发大师这样说。

我们也相信，每个孩子都有无尽的潜能，都有成为科学大师的可能。家长和社会应该做的，就是要给孩子传授科学的理念和知识，启发他们进入正确的科学之门。如果本书能起到一点这样的作用，那我们的愿望也就实现了。我们愿意在"润物细无声"中，给广大焦虑的家长带来一个解决方案，承担一份应有的社会责任。

　　当然，认识科学靠一两本书是远远不够的，需要建立在大量的阅读基础之上。您还想让孩子阅读哪方面的科技图书，欢迎来信或来电告诉我们，我们将在青少年科普方面继续努力。